建筑防水工程修缮技术培训教材

主　　编　曹征富

技术顾问　叶林标

副 主 编　许　宁　　管秀发　　李国柱　　喻幼卿　　黄孝前

　　　　　李志全　　蔡卫华　　徐海鹰　　陈本贵　　田文化

　　　　　李军志　　冯玉波　　马晓静

中国建筑工业出版社

图书在版编目（CIP）数据

建筑防水工程修缮技术培训教材／曹征富主编；许宁等副主编. —北京：中国建筑工业出版社，2023.7（2024.10重印）
ISBN 978-7-112-28775-8

Ⅰ.①建… Ⅱ.①曹…②许… Ⅲ.①建筑防水-修缮加固-技术培训-教材 Ⅳ.①TU761.1

中国国家版本馆 CIP 数据核字（2023）第 097254 号

为了使从事建筑防水工程修缮的专业队伍、房屋管理单位、物业管理部门及相关专业人员能够熟练掌握建筑防水工程修缮的查勘、渗漏原因分析、修缮方案编制与修缮施工技术、高效、规范进行修缮施工，由中国建筑学会建筑防水学术委员会与相关单位共同编制本教材。本教材分为两篇，分别为建筑防水工程修缮技术、建筑防水工程修缮案例。本教材适应建筑防水工程修缮的需要，符合国家倡导的技术先进、质量可靠、安全环保、经济合理等政策导向，技术性、实操性强，填补了建筑防水工程修缮技术培训教材的短板，有助于建筑防水修缮技术的进步与发展。

责任编辑：高 悦 张 磊
责任校对：姜小莲
校对整理：张辰双

建筑防水工程修缮技术培训教材

主 编 曹征富
技术顾问 叶林标
副 主 编 许 宁 管秀发 李国柱 喻幼卿 黄孝前
李志全 蔡卫华 徐海鹰 陈本贵 田文化
李军志 冯玉波 马晓静

*

中国建筑工业出版社出版、发行（北京海淀三里河路 9 号）
各地新华书店、建筑书店经销
北京科地亚盟排版公司制版
建工社（河北）印刷有限公司印刷

*

开本：787 毫米×1092 毫米 1/16 印张：13¼ 字数：331 千字
2023 年 7 月第一版 2024 年 10 月第二次印刷
定价：68.00 元
ISBN 978-7-112-28775-8
（41216）

《建筑防水工程修缮技术培训教材》

编委会

主　　编	曹征富				
技术顾问	叶林标				
副 主 编	许　宁	管秀发	李国柱	喻幼卿	黄孝前
	李志全	蔡卫华	徐海鹰	陈本贵	田文化
	李军志	冯玉波	马晓静		
编　　委	杜　昕	李小溪	戴书陶	林　欢	王国庆
	王福州	王玉芬	范增昌	陈士林	伍盛江
	章伟晨	吕传奎	杨伟杰	陈彦勇	崔新国
	张明亮	刘　洋	陈仕伟	欧阳晓	宫　安
	桂春芳	高德财	韩　锋	范修栋	李延伟
	陈森森	李志强	夏展熙	冯　宇	翟　鹏
	李现修	王文立	赵志龙	薛　峰	东胜军
	刘亚坤	罗　琴	申一彤	周　爽	刘冠麟
	王新民	位国喜	刘　军	郭继宝	李俊庙
	麻志勇	麻书华	赵文涛	洪　伟	王福团
	张　军	金　华	成协钧	李为华	文　忠
	韩九恒	彭俊杰	侯富城	李军伟	杨树东
	仇步云	杨　平			

主编单位

中国建筑学会建筑防水学术委员会

北京市建筑工程研究院有限责任公司

副主编单位

北京东方雨虹防水工程有限公司

东固土木工程服务江苏有限公司

上海广顺建设工程有限公司

武汉天衣新材料有限公司

佛山市凯聚科技有限公司

项城市翔峰创美材料有限公司

苏州金泰跃科建筑工程有限公司

中国散装水泥推广发展协会建筑防水与保温专业委员会

济南卓高建材有限公司

吉林省翔河建筑材料有限公司

参编单位

呼和浩特市豫达防水材料有限公司

北京圣洁防水材料有限公司

科顺建筑修缮技术有限公司

西牛皮防水科技有限公司

中国人民解放军海军后勤部工程质量监督站

深圳市卓宝科技股份有限公司

宏源防水科技集团有限公司

广东筑龙新材料技术有限公司

郑州郑赛修护有限公司

北京市建国伟业防水材料有限公司

北京城荣防水材料有限公司

菏泽市鲁班新型建材有限公司

豫王建能科技股份有限公司

四川玄三易道建筑工程有限公司

青岛宏禹泰建筑防水工程有限公司

四川世康达土木工程技术有限公司

福建极缮科技股份有限公司

京德益邦（北京）新材料科技有限公司

广东华珀科技有限公司

大禹伟业（北京）国际科技有限公司

南京康泰建筑灌浆科技有限公司

河南中原防水防腐保温工程有限公司

北京可立特科技发展有限公司
北京晟翼佳工程技术有限公司
河南省四海防腐集团有限公司
河南阳光防水科技有限公司
河南东骏建材科技有限公司
北京漏邦房屋修缮工程有限公司
吉林省亨通防水材料有限公司
吉士达建设集团有限公司
吉林省建筑防水协会
湖北省建筑防水协会
海南省建筑防水保温协会
广东省建筑防水材料协会
内蒙古防水协会
四川金五匠建筑科技有限公司

参加单位

云南欣城防水科技有限公司
广西大胡子防水科技有限公司
北京恒建博京防水材料有限公司
缮行天下（北京）科技有限公司
重庆斯格尔实业有限公司
砼泰无漏（河南）特种工程有限公司
山西福寿伟业防水保温有限公司
松喆（天津）科技开发有限公司
常德市万福达环保节能建材有限公司
广州天捷建设发展有限公司
贵州苏黔建筑防水设计有限公司
北京卓越金控高科技有限公司
房屋卫士工程技术有限公司
河南兴杰防水防腐工程有限公司
河南省龙岳抗渗科技有限公司
青岛天源伟业保温防水工程有限公司
江苏光跃节能科技有限责任公司

前　言

我国建筑总面积已达 700 多亿平方米，庞大的建筑存体量，使建筑修缮工程量日益增多，在建筑市场中占比越来越高，正在改变突飞猛进、高速发展、以新建为主导的建筑市场发展走向。由于建筑防水工程受设计、材料、施工、使用、维护、环境、造价、政策等多方面因素的影响，从整个建筑工程防水质量来看，渗漏仍是建筑工程质量较为突出的一个通病。同时，防水工程中防水材料的自然老化及不可抗力因素引起建筑防水体系的破坏造成的渗漏等，建筑防水修缮体量巨大。建筑工程出现的渗漏水，不仅严重地影响建筑物正常使用与运营功能，缩短了建筑物的使用寿命，干扰了人们的正常工作、学习、休闲活动，影响了人们的生活质量，同时，由于建筑防水工程的质量问题，严重地影响到建筑防水工程各方当事人—开发商与总承包商、开发商与设计、开发商与物业、开发商与业主、业主与业主、业主与物业以及总承包商与分包商、分包商与防水材料供应商之间的利益关系，他们为了维护各自的权益，成了原告和被告，影响了社会的和谐。科学地、可靠地、迅速地对渗漏水工程进行修缮已成为建筑行业的一个不可或缺的重要专业。为了使从事建筑防水工程修缮的专业队伍及房屋管理单位与物业管理部门及相关专业人员，能够熟练掌握建筑防水工程修缮的查勘、渗漏原因分析、修缮方案编制与修缮施工技术，高效、规范进行修缮施工，由中国建筑学会建筑防水学术委员会与相关单位共同编制《建筑防水工程修缮技术培训教材》。本教材适应建筑防水工程修缮的需要，符合国家倡导的技术先进、质量可靠、安全环保、经济合理等政策导向，技术性、实操性强，填补了建筑防水工程修缮技术培训教材的短板，有助于建筑防水修缮技术的进步与发展。

由于建筑防水修缮技术在不断发展，我们编制人员水平有限，本书在应用过程中如发现不妥之处，欢迎业内专家、同仁和广大读者批评指正，不胜感谢。

《建筑防水工程修缮技术培训教材》编委会

2023 年 2 月

目　　录

上篇 建筑防水工程修缮技术

第1章 概 述

1.1 建筑防水工程质量现状

1. 近四十年来，伴随着中国经济建设的腾飞，我国基本建设事业的高速发展和城镇化步伐加快，我国建筑防水事业得到飞速发展，防水新材料、新技术、新工艺取得了举世瞩目的进步，建筑防水行业取得了长足的发展，防水材料产品体系、生产装备、设计和施工技术与国外先进水平的差距显著缩小，防水工程质量在逐年提高。

2. 由于建筑防水工程受政策、标准、设计、施工、管理、使用、维护等多方面因素的影响，从建筑防水工程质量总体情况来看，防水完全失败的工程不是很多，一点不渗漏的防水工程比较少，存在局部渗漏的防水工程比例较高，渗漏仍是建筑防水工程中较为突出的一个通病之一。许多造价高昂、表面光艳靓丽的建筑物，其屋面、地下、侧墙、室内都存在较严重的渗漏问题。

3. 绝大部分有渗漏缺陷的防水工程经过治理，解决了渗漏问题，满足了正常使用要求。但也有少部分渗漏的工程，由于相关方面不重视、渗漏原因判断不准确、修缮措施不科学、施工工艺不正确及修复投入经费不足等原因，陷入了漏了修、修了漏、漏了再修、修了还漏的反复循环的怪圈，成了久治不愈的顽症，给人们的正常生活、工作、学习等环境造成严重影响。

4. 鉴于建筑工程渗漏的普遍性、严重性，住房城乡建设部于 2013 年 10 月 24 日发布的《关于深入开展全国工程质量专项治理工作的通知》（建质〔2013〕149 号）、国务院办公厅 2019 年 9 月 15 日转发的《住房城乡建设部关于完善质量保障体系提升建筑工程品质指导意见》的国办函〔2019〕92 号、住房城乡建设部办公厅 2021 年 12 月 28 日《关于加强保障性住房质量常见问题防治的通知（征求意见稿）》等文件中，均将渗漏列入重点治理内容，防水工程修缮成了建筑防水行业中一项重要的、不可或缺的工作。

1.2 建筑防水工程渗漏危害

1. 时有发生的屋面漏雨、地下室漏水、厕浴间和外墙渗漏，使室内潮湿，装饰材料变形、发霉、翘曲、空鼓、脱落，严重影响装饰效果、使用功能和人员的身体健康，严重地影响了人们的正常生活质量和工作、学习、休闲、活动环境。

2. 工程渗漏，使混凝土结构被水浸透，造成钢筋锈蚀；钢筋锈蚀造成混凝土胀裂，混凝土胀裂又会使渗漏加重，恶性循环使建筑寿命受到严重伤害，影响工程的正常使用与运营功能，影响混凝土结构的耐久性，乃至缩短工程的使用寿命。

3. 因为渗漏，使与建筑防水相关的开发商与总承包商、开发商与设计、开发商与物业、开发商与业主、业主与业主、业主与物业以及总承包商与分包商、分包商与防水材料供应商等之间的合法权益受到严重影响，他们为了各自利益，有的到处上访，有的走上法庭，有的要求仲裁，纠纷不断，严重影响和谐社会的建立。

4. 渗漏水引起的工程修复，造成了人力、财力、资源大量浪费的同时，对环境的影响也是很大的，与当前我国大力提倡的低碳经济、节能减排和绿色环保政策是不相符的。如由外商投资的北京某小区建筑，公寓楼屋面建筑面积 $5500m^2$ ，防水等级Ⅰ级，采用两道改性沥青防水卷材叠合防水，上人屋面。屋面工程完工时，正赶上 6 月份开始的雨季，整个屋面发现有 161 处漏水，平均每 30 多平方米屋面范围内就有 1 个漏水点，导致公寓的顶层无法交付使用，不得不进行返修。经专题论证会议确定，采用整体拆除保护层至防水层、重新做喷涂硬泡聚氨酯防水保温一体化材料，再按原设计恢复保护层。

（1）工程返修产生渣土 $1402.5m^3$ 。这些渣土只能当废弃物送到垃圾填埋场，占用了宝贵的土地。

（2）工程返修消耗了喷涂硬泡聚氨酯 19.25t、高渗透改性环氧树脂 800kg、JS 防水涂料 3200kg、砂子 1100t、水泥 165t、水泥砖 $5000m^2$ ，垂直运输消耗塑料编织袋 15000 多个。这些材料的生产，不仅消耗了有限的资源，也浪费了能源。

（3）工程返修增加了废气的排放。该工程返修，运输渣土及运输水泥、砂子、水泥砖、防水材料等使用车辆 442 台次，这么多台次的车辆在马路上来回奔跑需要燃烧燃料，不仅排放出大量二氧化碳，污染环境、影响生态，同时也增加了城市道路的压力。

（4）该工程返修施工工期 120d，累计劳务用工 5800 人，工程返修占用了大量的劳动力。

（5）该屋面工程新建时防水造价不到 60 万元，但是因渗漏水造成的赔偿小区业主损失及工程返修费用却超过上千万元。

如果该屋面防水工程质量没问题，就没有必要去浪费这么多的人力、物力、财力和耗能、增排。目前我国房屋总建筑面积达 700 亿 m^2 以上，即使渗漏率控制在个位数，渗漏总量也是很大的，渗漏治理造成的人力、物力重复投入量与耗能、废气排放量也是惊人的。

1.3　建筑防水工程常见渗漏水原因

1. 在既有工程中，由于建筑防水工程投入使用时间较长，受使用条件、环境影响，防水材料自然老化，防水层的防水与抗渗性能减弱、失效，不再具备正常的防水功能，工程逐步出现局部或整体渗漏。

2. 在设计工作年限内，由自然灾害（如地震、台风、暴雨等）、水文地质变化等不可抗拒因素造成工程结构的破坏或防水体系的破坏引起的渗漏。

3. 建筑防水工程在设计工作年限内发生的渗漏，除不可抗拒因素外，主要由设计、材料、施工、管理等方面的缺陷造成的。

（1）设计方面常见的缺陷：

1）设计依据的标准不正确，采用已经作废的、不能保证防水工程质量的标准、图集。

2）防水等级定级不准确，防水要求严格、重要的建筑工程未按防水等级一级设防。

3）设防措施不正确，防水等级一级的工程采用二级设防措施，如防水等级一级的地下工程、屋面工程采用 4mm 厚 1 层热熔施工的 SBS 改性沥青卷材。

4) 防水材料选用未能因地制宜，缺乏科学性、针对性、适应性。

5) 防水技术要求不规范，如采用防水涂料做防水层时，只要求涂刷遍数，无厚度及材料用量的要求。

6) 防水层未形成连续的、闭合的防水体系。

7) 不宜外露的防水层上未设计保护层，防水层过早老化。

8) 不相容防水材料复合。

9) 防排水系统不配套。

（2）施工方面常见的缺陷：

1) 防水混凝土浇筑质量差，存在配比不准确、搅拌不均匀、振捣不密实、养护不及时、细部构造处理不到位等问题。

2) 防水基层不合格就进行防水层施工。

3) 防水施工不符合设计要求，程序不合理、工艺不规范、细部构造处理不到位，甚至存在偷工减料现象。

4) 成品保护不重视，造成完成后的防水层被破坏。

5) 防水层未经验收就进行后道工序的施工。

（3）材料方面常见的缺陷：

1) 采用国家、行业明令禁止使用的产品。

2) 使用的防水材料质量不符合设计要求或相关标准的规定，使用假冒伪劣产品。

（4）管理方面常见的缺陷：

1) 不按正常程序施工，不顾工程质量盲目抢工期。

2) 质量监管不到位，旁站制度不落实。

3) 材料质量把关不严，防水材料进场验证马虎，未复验就使用。

4) 施工过程质量控制不严，不能严格坚持"三检"制度。

5) 维护管理缺失，建筑防水工程在投入使用后维修缺失或维修不当造成渗漏。

（5）不适用及技术落后的标准条文未及时修订，使不科学、不合理的防水构造做法在工程中应用造成渗漏。

1) 屋面水落口，标准规定"防水层和附加层伸入水落口杯内不应小于 50mm……"，应用中造成渗漏现象很多。

① 水落口杯口较小，防水层伸入水落口杯内施工困难大，防水层不易与杯口粘贴紧密；尤其是采用卷材作防水层时，更缺乏可操作性。

② 伸入水落口杯内防水层没有合适的保护层材料。采用浅色涂料作保护层，使用中容易损坏；采用水泥砂浆或细石混凝土作保护层，会使水落口杯直径变小，影响排水能力，同时刚性保护层也容易脱落。所以，在实际工程中，伸入水落口杯内防水层基本呈裸露状态，影响其使用寿命。

③ 防水层伸入水落口杯内，当水落口杯出现堵塞、维修清理时，极易破坏防水层。

2) 女儿墙防水构造。

现行国家标准规定高、低女儿墙的防水层均设置在保温层上，造成渗漏窜水现象突出。

1.4 建筑防水工程渗漏水规避措施

防水工程，是建筑工程的一项重要的分项工程，防水工程质量保证是一项系统工程，应从源头抓起，从与其密切相关的政策、标准、设计、材料、施工、管理等方面全面把控与规避风险，聚焦工程防水质量。

1. 坚持政策为主导的原则：

（1）应将杜绝和减少渗漏、保证防水工程质量作为政策出发点和落脚点，引领行业健康发展。

（2）应落实工程质量负责制，建设单位、设计单位、施工总包单位、分包单位、工程监理单位应各负其责。

（3）应制定合理竞争机制，取消不合理的低价中标规定。

（4）应严格执行合理的工期规定，严禁违背科学规律的盲目抢工期。

（5）工程建设主管单位应有所作为，敢于负责，真抓实管。

2. 坚持标准引领的原则：

（1）防水标准应定位于"规范、指导、引领"行业健康发展，不应将标准编制商业化、垄断化、利益化。

（2）要建立政府主导制定的标准与专业团体制定的标准协同发展，协调配套的标准体系，健全统一协调、运行高效、政府与专业团体共治的标准化管理体系，形成政府引导、市场驱动、社会参与、协同推进的标准化工作格局，有效支撑统一市场体系建设，让标准成为对质量的"硬约束"，推动中国经济迈向中高端水平。

（3）强调先进性但不应限制多元发展，强调包容性但不应降低技术标准与质量标准。

（4）及时废止、修订不适用及技术落后的标准条文。

3. 坚持设计是前提的原则：

（1）应提高设计单位、设计人员对建筑防水重要性的认识，了解建筑防水与建筑安全和人们生活、生产、工作、学习、活动的密切关系，重视建筑防水工程设计。

（2）应加强防水设计人员防水专业知识与专业技术培训，由业务外行变为专业内行，减少或避免设计失误。

（3）防水工程设计人员应熟悉建筑防水相关的规范、标准，正确执行、理解规范、标准条文，避免机械式生搬硬套。

（4）防水工程设计人员应熟悉所设计的工程项目特点、使用环境和使用要求，因地制宜、按需选材，防水设计方案应具有针对性和可操作性，符合技术先进、质量可靠、安全环保、满足使用的要求。

4. 坚持材料是基础的原则：

（1）应积极推动、大力发展耐水性、耐久性、质量可靠、节能环保、便于施工的防水材料和防水产品。

（2）应积极研发可在常温及潮湿基面施工、并具有持黏性的环保型防水材料。

（3）企业生产新型防水材料时，应重视技术创新、强化科研实验，防止一哄而上和跟风炒作等低水平的重复。

（4）引进新材料应重在产品的品质和市场需要。

（5）应摒弃急功近利和短视行为，杜绝假冒伪劣产品生产、流通，进入施工现场的材料应经见证取样复验合格后方可使用。

（6）材料生产厂家、产品供应商应适应市场需求，转变传统经营观念与销售方式，由生产型、销售型向服务型转变，由卖材料变为提供防水系统（主材、辅材、配套机具，技术方案，施工技术指导，质量跟踪，质量保修等）。

5. 坚持施工是关键的原则：

（1）明确与防水相关的建设单位、设计单位、监理单位、施工总包方、专业分包方等各方责任，各司其职，同时应相互协调、配合、支持，共同保证防水工程质量。

（2）应重视与防水相关的结构、防水基层、找平层、找坡层、保温层、防水层、隔离层、保护层等所有工序的施工质量。

（3）应重视和加强对防水行业从业人员的素质培训，包括防水知识、防水技术、操作技能、施工质量检查验收方法与标准、职业道德等培训。

6. 倡导、引进、推进工程质量保险制度。

通过第三方—保险公司，为客户承担涵盖从工程设计、材料生产、工程施工、后期维护等防水工程各个环节的质量保险。

7. 建筑防水工程渗漏水时，应及时采取科学、合理、可靠、经济的修缮措施，满足建筑物安全和使用要求。

 思考题

　1. 如何客观评价防水工程质量现状？

　2. 建筑防水工程渗漏主要危害有哪些？

　3. 建筑防水工程渗漏水常见原因有哪些？

　4. 如何规避建筑防水工程渗漏水？

第2章 防水修缮材料

2.1 防水卷材

2.1.1 弹性体（SBS）改性沥青防水卷材

弹性体（SBS）改性沥青防水卷材是以玻纤毡或聚酯毡为胎基，苯乙烯—丁二烯—苯乙烯（SBS）热塑性弹性体改性沥青为涂盖料、两面覆以隔离材料制成的防水卷材。分为Ⅰ型、Ⅱ型两种类型，Ⅰ型适用于一般和较寒冷地区的建筑作屋面的防水层，Ⅱ型的聚酯毡胎 SBS 改性沥青防水卷材适用于一般及寒冷地区的屋面和地下的防水工程。

产品执行现行国家标准《弹性体改性沥青防水卷材》GB 18242 的规定。

2.1.2 塑性体（APP）改性沥青防水卷材

塑性体（APP）改性沥青防水卷材是以玻纤毡或聚酯毡为胎基，无规聚丙烯（APP）或烯烃类聚合物（APAO、APO）改性沥青为涂盖料，两面覆以隔离材料制成的防水卷材。

产品执行现行国家标准《塑性体改性沥青防水卷材》GB 18243 的规定。

2.1.3 自粘改性沥青防水卷材

2.1.3.1 自粘聚合物改性沥青防水卷材

自粘聚合物改性沥青防水卷材是以自粘聚合物改性沥青为基料，非外露使用的无胎基或采用聚酯胎基增强的本体自粘防水卷材。

产品按有无胎基增强分为无胎基（N 类）、聚酯胎基（PY 类）两种类型，N 类按上表面材料分为聚乙烯膜（PE）、聚酯膜（PET）、无膜双面自粘（D），PY 类按上表面材料分为聚乙烯膜（PE）、细砂（S）、无膜双面自粘（D）等品种。

产品按性能分为Ⅰ型和Ⅱ型。

产品执行现行国家标准《自粘聚合物改性沥青防水卷材》GB 23441 的规定。

2.1.3.2 带自粘层的防水卷材

带自粘层的防水卷材是以改性沥青防水卷材为主体，表面覆以自粘胶层的冷施工防水卷材。

产品执行现行国家标准《带自粘层的防水卷材》GB/T 23260 的规定，带自粘层的防水卷材主体材料执行现行国家标准《弹性体改性沥青防水卷材》GB 18242、《塑性体改性沥青防水卷材》GB 18243 的规定。

2.1.4 聚氯乙烯（PVC）防水卷材

产品以聚氯乙烯树脂为主要原料，掺入多种化学助剂，经混炼、挤出或压延等工序加工制成的防水卷材。按产品组成分为均质卷材（代号 H）、带纤维背衬卷材（代号 L）、织物内增强卷材（代号 P）、玻璃纤维内增强卷材（代号 G）、玻璃纤维内增强带纤维背衬卷材（代号 GL）5 种类型。

产品执行现行国家标准《聚氯乙烯（PVC）防水卷材》GB 12952 的规定。

2.1.5　三元乙丙橡胶（硫化型）防水卷材

产品是以三元乙丙橡胶为主剂，掺入适量的丁基橡胶和多种化学助剂，经密炼、过滤、挤出成型和硫化等工序加工制成的高弹性防水卷材。

产品执行现行国家标准《高分子防水材料　第 1 部分：片材》GB/T 18173.1 的规定。

2.1.6　TPO 热塑性聚烯烃防水卷材

TPO 热塑性聚烯烃防水卷材是以乙烯和 a 烯烃的聚合物为主要原料制成的防水卷材，分为均质热塑性聚烯烃防水卷材（代号 H）、带纤维背衬的热塑性聚烯烃防水卷材（代号 L）、织物内增强的热塑性聚烯烃防水卷材（代号 P）。

产品执行现行国家标准《热塑性聚烯烃（TPO）防水卷材》GB 27789 的规定。

2.1.7　聚乙烯丙纶复合防水卷材

聚乙烯丙纶复合防水卷材是采用线性低密度聚乙烯树脂（原生料）、抗老化剂等原料由自动化生产线一次性热融挤出并复合丙纶无纺布加工制成。

产品执行现行国家标准《高分子增强复合防水片材》GB/T 26518 的规定。

2.1.8　现制水性橡胶高分子复合防水卷材

水性橡胶高分子防水胶料与高分子增强抗裂胎基在现场制作并同步铺贴施工的防水卷材，执行现行团体标准《现制水性橡胶高分子复合防水卷材》T/CECS 10017、《水性橡胶高分子复合防水材料应用技术规程》T/CECS 603 的规定。

2.2　防水涂料

2.2.1　聚氨酯防水涂料

聚氨酯防水涂料以聚氨酯预聚体为主要成膜物质，经化学反应固化成膜型涂料。产品按组分分为单组分型（S）和多组分型（M）两种，按性能分为 I 型、II 型、III 型三种，按是否暴露使用分为外露型（E）和非外露型（N）两种，按环保性能分为 A 类和 B 类两类。产品执行现行国家标准《聚氨酯防水涂料》GB/T 19250 的规定。

2.2.2　聚脲防水涂料

2.2.2.1　涂刮型聚脲防水涂料

该涂料是一种无溶剂、高含固量的单组分或多组分（甲组分、乙组分、丙组分）以刮涂方式施工的反应固化型防水涂料，主要物理力学性能应符合表 2.2-1 的要求。

涂刮型聚脲防水涂料主要性能指标   表 2.2-1

项目	性能指标					
	I	II	III	IV	V	VI
拉伸强度（MPa）≥	0.5～2.0	1.5～4.0	4.0～7.0	5.0～10.0	10.0～22.0	10.0～18.0
断裂伸长率（%）≥	700	350	400	500	400	300
低温弯折性（℃）≤	−40	−30	−30	−30	−30	−30
不透水性（0.3MPa，30min）	无渗漏	无渗漏	无渗漏	无渗漏	无渗漏	无渗漏
固体含量（%）≥	80	80	80	80	80	80
潮湿基面粘结强度≥（MPa）	0.50	0.50	0.50	0.50	0.50	0.50

2.2.2.2 喷涂型聚脲防水涂料

喷涂型聚脲防水涂料（SPUA）是由高反应活性的端氨基醚和胺扩链剂等组分组成的一种无溶剂、高含固量的双组分反应固化型防水涂料，喷涂型聚脲防水涂料根据原材料的品种，分为脂肪族和芳香族两种类型。

产品执行现行国家标准《喷涂聚脲防水涂料》GB/T 23446 的规定。

2.2.2.3 脂肪族聚氨酯耐候防水涂料

脂肪族聚氨酯耐候防水涂料是以脂肪族氰酸酯类预聚物为主要组分、用于外露使用的防水涂料，产品执行现行国家行业标准《脂肪族聚氨酯耐候防水涂料》JC/T 2253 的规定。主要物理力学性能应符合表 2.2-2 的要求。

脂肪族聚氨酯耐候防水涂料主要性能指标   表 2.2-2

序号	项目		性能指标
1	固含量（%）	≥	60
2	细度（μm）	≤	50
3	表干时间（h）	≤	4
4	实干时间（h）	≤	24
5	拉伸强度（MPa）	≥	4.0
6	断裂伸长率（%）	≥	200
7	低温弯折性（℃）		−30℃，无裂纹
8	耐磨性（750g/500r，mg）	≤	40
9	耐冲击性（kg·m）	≥	1.0
10	粘结强度（MPa）	≥	2.5
11	热处理（80±2）℃，168h	拉伸强度保持率（%）	70～150
		断裂伸长率保持率（%）≥	70
		低温弯折性（℃）≤	−25℃无裂缝
12	荧光紫外线老化 1500h	外观	涂层粉化 0 级，变色≤1 级，无起泡、无裂纹
		拉伸强度保持率（%）	70～150
		断裂伸长率保持率（%）≥	70
		低温弯折性（℃）≤	−25℃无裂缝

2.2.2.4 水性橡胶高分子复合防水涂料

该涂料是一种将固体橡胶、增粘树脂、软化剂等原材料混合改性后，乳化制成乳液，在乳液中添加功能性填充料制成高固体含量的防水涂料。产品执行现行团体标准《水性橡胶高分子复合防水材料应用技术规程》T/CECS 603 的规定。主要物理力学性能应符合表 2.2-3 的要求。

水性橡胶高分子防水涂料主要性能指标　　　　表 2.2-3

项目		技术指标
表干时间（h）		≤2.0
实干时间（h）		≤5.0
固体含量（%）		≥70
耐热性（90℃，5h）		无流淌、滑动、滴落
低温柔性（−20℃）		无裂纹
不透水性（0.3MPa，30min）		不透水
窜水性（0.6MPa）		无窜水
粘结强度（MPa）	与水泥砂浆基面	≥0.4
	与混凝土基面	
	与金属基面	
应力松弛（%）		≤35
接缝变形能力		1000 次循环无破坏
桥接裂缝能力（mm）		≥0.75
热老化（70℃，168h）	外观	无裂纹、无分层
	低温柔性（−15℃）	无裂纹
	不透水性（0.3MPa，30min）	不透水
碱处理[0.1%NaOH＋饱和 Ca(OH)₂溶液，168h]	外观	无裂纹、无分层
	低温柔性（−15℃）	无裂纹
	不透水性（0.3MPa，30min）	不透水
盐处理（10%NaCl 溶液，168h）	外观	无裂纹、无分层
	低温柔性（−15℃）	无裂纹
	不透水性（0.3MPa，30min）	不透水
抗冻性		无裂纹、剥落

2.2.3 高聚物改性沥青防水涂料

高聚物改性沥青防水涂料的主要性能指标应符合表 2.2-4 的要求。

高聚物改性沥青防水涂料的主要性能指标　　　　表 2.2-4

项目	性能指标	
	水乳型	溶剂型
固体含量（%）≥	45	48
耐热度（℃）	80，无流淌、起泡、滑动	
低温柔性（℃）	−15，无裂纹	−15，无裂纹
不透水性（30min，MPa）≥	0.1	0.2
断裂延伸率（%）≥	600	—
抗裂性（mm）	—	基层裂缝 0.3mm，涂膜无裂缝

2.2.4 合成高分子防水涂料

合成高分子防水涂料分为反应固化型和挥发固化型两种，主要性能指标应符合表 2.2-5 的要求。

合成高分子防水涂料的主要性能指标 表 2.2-5

项目	性能指标	
	反应固化型	挥发固化型
固体含量（%）≥	80（单组分），92（双组分）	65
耐热度（℃）	1.9	1.0
断裂延伸率（%）≥	500（单组分），450（双组分）	300
低温柔性（℃）	−40（单组分），−35（双组分），无裂纹	−10，无裂纹
不透水性（30min，MPa）≥	0.3	

2.2.5 聚合物水泥防水涂料

聚合物水泥（JS）防水涂料是以聚合物乳液（甲组分）和水泥等刚性粉料（乙组分）组成的双组分防水涂料，该涂料属挥发固化与水泥水化反应复合型防水涂料，产品按性能分为Ⅰ型、Ⅱ型和Ⅲ型。

产品执行现行国家标准《聚合物水泥防水涂料》GB/T 23445 的规定。

2.2.6 非固化橡胶沥青防水涂料

非固化橡胶沥青防水涂料是以优质沥青、橡胶和特种添加剂为主要原料，加工制成的在使用年限内保持黏性膏状体的防水涂料。该材料需经加热后采用涂刮或喷涂法施工，一般应与其相容的卷材组合形成复合防水层。产品执行现行行业标准《非固化橡胶沥青防水涂料》JC/T 2428 的规定。

2.2.7 喷涂速凝橡胶沥青防水涂料

喷涂速凝橡胶沥青防水涂料，由阴离子乳化沥青和聚合物乳液组成的 A 组分与阳离子破乳剂 B 组分组成的双组分防水涂料，A、B 组分通过专用喷涂设备的两个喷嘴分别喷出，在空中雾化、混合，喷到基面后瞬间破乳析水凝聚成膜，实干后形成致密、连续、完整的橡胶沥青弹性防水涂层的材料。

产品执行现行行业标准《喷涂橡胶沥青防水涂料》JC/T 2317 的规定。

2.3 其他防水材料

2.3.1 水泥基渗透结晶型防水材料

水泥基渗透结晶型防水材料，是用于混凝土防水、缺陷修补及堵漏的水泥基渗透结晶型防水涂料、水泥基渗透结晶型防水剂、混凝土缺陷修补和混凝土快速堵漏用水泥基渗透结晶型材料的统称。

产品执行现行国家标准《水泥基渗透结晶型防水材料》GB 18445 的规定。

2.3.1.1 水泥基渗透结晶型防水涂料

水泥基渗透结晶型防水涂料，以硅酸盐水泥、石英砂为主要成分，掺入一定量活性化学物质制成的、经与水拌合后调配成可刷涂或喷涂在水泥混凝土表面、亦可直接用于平面部位干撒施工的粉状材料。

主要性能指标应符合表 2.3-1 的要求。

水泥基渗透结晶型防水涂料的主要性能指标 表 2.3-1

序号	试验项目		性能指标
1	外观		均匀、无结块
2	含水率（%）		≤1.5
3	细度，0.63mm 筛余（%）		≤5
4	氯离子含量（%）		≤0.10
5	施工性	加水搅拌后	刮涂无障碍
		20min	刮涂无障碍
6	抗折强度（MPa，28d）		≥2.8
7	抗压强度（MPa，28d）		≥15.0
8	湿基面粘结强度（MPa，28d）		≥1.0
9	砂浆抗渗性能	带涂层砂浆的抗渗压力 *（MPa，28d）	报告实测值
		抗渗压力比（带涂层）（%，28d）	≥250
		去除涂层砂浆的抗渗压力 *（MPa，28d）	报告实测值
		抗渗压力比（去除涂层）（%，28d）	≥175
10	混凝土抗渗性能	带涂层混凝土的抗渗压力 *（MPa，28d）	报告实测值
		抗渗压力比（带涂层）（%，28d）	≥250
		去除涂层混凝土的抗渗压力 *（MPa，28d）	报告实测值
		抗渗压力比（去除涂层）（%，28d）	≥175
		带涂层混凝土的第二次抗渗压力（MPa，56d）	≥0.8

注：* 基准砂浆和基准混凝土 28d 抗渗压力应为 $0.4^{+0.00}_{-0.1}$MPa，并在产品质量检验报告中列出。

2.3.1.2 水泥基渗透结晶型防水剂

以硅酸盐水泥和活性化学物质为主要成分制成的粉状材料，掺入防水混凝土拌合物中使用。主要性能指标应符合表 2.3-2 的要求。

水泥基渗透结晶型防水剂的主要性能指标 表 2.3-2

序号	试验项目	性能指标
1	外观	均匀、无结块
2	含水率（%）	≤1.5
3	细度，0.63mm 筛余（%）	≤5
4	氯离子含量（%）	≤0.10
5	总碱量（%）	报告实测值
6	减水率（%）	<8
7	含气量（%）	≤3.0

续表

序号	试验项目		性能指标
8	凝结时间差	初凝（min）	＞－90
		终凝（h）	—
9	抗压强度比（%）	7d	≥100
		28d	≥100
10	收缩率比（%，28d）		≤125
11	混凝土抗渗性能	防水剂混凝土的抗渗压力＊（MPa，28d）	报告实测值
		抗渗压力比（%，28d）	≥200
		防水剂混凝土的第二次抗渗压力（MPa，56d）	报告实测值
		第二次抗渗压力比（%，56d）	≥150

注：＊ 基准砂浆和基准混凝土28d抗渗压力应为 $0.4^{+0.00}_{-0.1}$ MPa，并在产品质量检验报告中列出。

2.3.1.3 混凝土一般缺陷修补用水泥基渗透结晶型材料

用于混凝土结构孔洞、裂缝、蜂窝麻面、受损剥落等缺陷部位的修补和施工缝、对拉螺栓孔等部位填充的水泥基渗透结晶型材料。主要性能指标应符合表 2.3-3 的要求。

混凝土缺陷修补用水泥基渗透结晶型材料的主要性能指标　　　表 2.3-3

序号	试验项目		性能指标
1	凝结时间（min）	初凝	≥10
		终凝	≤360
2	抗压强度（MPa，3d）		≥13.0
3	抗折强度（MPa，3d）		≥3.0
4	涂层抗渗力（MPa，7d）		≥0.4
5	试件抗渗压力（MPa，7d）		≥1.5
6	粘结强度（MPa，7d）		≥0.6
7	耐热性（100℃，5h）		无开裂、起皮、脱落
8	冻融循环（20次）		无开裂、起皮、脱落
9	外观		色泽均匀，无杂质、无结块

2.3.1.4 混凝土快速堵漏用水泥基渗透结晶型材料

用于快速封堵有压力水的混凝土渗漏部位，以及需要混凝土快速凝固和迅速达到早期强度的渗透结晶型材料。主要性能指标应符合表 2.3-4 的要求。

混凝土快速堵漏用水泥基渗透结晶型材料的主要性能指标　　　表 2.3-4

序号	试验项目		性能指标
1	凝结时间（min）	初凝	≤5
		终凝	≤10
2	抗压强度（MPa）	1h	≥4.5
		3d	≥15.0
3	抗折强度（MPa）	1h	≥1.5
		3d	≥4.0
4	试件抗渗压力（MPa，7d）		≥1.5

续表

序号	试验项目	性能指标
5	粘结强度（MPa，7d）	≥0.6
6	耐热性（100℃，5h）	无开裂、起皮、脱落
7	冻融循环（20 次）	无开裂、起皮、脱落
8	外观	色泽均匀，无杂质、无结块

2.3.2　聚合物水泥防水浆料

聚合物水泥防水浆料是以水泥、细骨料为主要组分，聚合物和添加剂等为改性材料按适当配比混合制成的、具有一定柔性的防水浆料。产品按组分分为单组分（S 类，由水泥、细骨料和可再分散乳胶粉、添加剂等组成）和双组分〔D 类，由粉料（水泥、细骨料等）和液料（聚合物乳液、添加剂等）组成〕两个组分，按物理力学性能分为Ⅰ型（通用型）和Ⅱ型（柔韧型）两类。

产品执行现行行业标准《聚合物水泥防水浆料》JC/T 2090 的规定。

2.3.3　高分子益胶泥

高分子益胶泥是一种以硅酸盐水泥、掺合料、细砂为基料，加入多种可分散的高分子材料改性，经工厂化生产方式制成的具有防水、抗渗功能和粘结性能的匀质、干粉状、可薄涂施工的单组分防水和渗漏治理的材料。高分子益胶泥属多种可分散聚合物改性水泥砂浆；产品按性能分为Ⅰ型、Ⅱ型。该产品执行《高分子益胶泥》T44/SZWA 1 团体标准，主要性能指标应符合表 2.3-5 的要求。

高分子益胶泥的主要性能指标　　　　　　　　表 2.3-5

序号	项目		性能指标		试验方法
			Ⅰ型	Ⅱ型	
1	凝结时间（min）	初凝时间	≥180		按 GB/T 1346—2011 的规定方法进行
		终凝时间	≤780		
2	抗折强度（MPa，7d）		≥3		按 GB/T 17671—2021 的规定方法进行
3	抗压强度（MPa，7d）		≥9		
4	涂层抗渗压力（MPa，7d）		≥1		按 GB 23440—2009 的规定方法进行
5	拉伸粘结强度（MPa）		≥0.5	≥1	按 JC/T 547—2017 的规定方法进行
6	浸水后拉伸粘结强度（MPa）		≥0.5	≥1	
7	热老化后拉伸粘结强度（MPa）		≥0.5	≥1	
8	耐碱性		无开裂、剥落		按 JC/T 2090—2011 的规定方法进行

2.3.4　聚合物水泥防水砂浆

聚合物水泥防水砂浆是以水泥、细骨料为主要组分，以聚合物乳液或可再分散乳胶粉为改性剂，添加适量助剂混合制成的防水砂浆。该产品执行现行行业标准《聚合物水泥防水砂浆》JC/T 984 的规定。主要性能指标应符合表 2.3-6 的要求。

聚合物水泥防水砂浆的主要性能指标　　　　表 2.3-6

序号	项目				技术指标	
					Ⅰ型	Ⅱ型
1	凝结时间a		初凝时间（min）	≥	45	
			终凝时间（h）	≤	24	
2	抗渗压力b（MPa）	涂层试件	≥	7d	0.4	0.5
		砂浆试件	≥	7d	0.8	1.0
				28d	1.5	1.5
3	抗压强度（MPa）			≥	18.0	24.0
4	抗折强度（MPa）			≥	6.0	8.0
5	柔韧性（横向变形能力）（mm）			≥	1.0	
6	粘结强度（MPa）			7d ≥	0.8	1.0
				28d	1.0	1.2
7	耐碱性				无开裂、剥落	
8	耐热性				无开裂、剥落	
9	抗冻性				无开裂、剥落	
10	收缩率（%）			≤	0.30	0.15
11	吸水率（%）			≤	6.0	4.0

注：a. 凝结时间可根据用户需要及季节变化进行调整。
　　b. 当产品使用的厚度不大于 5mm 时测定涂层试件抗渗压力；当产品使用的厚度大于 5mm 时测定砂浆试件抗渗压力。亦可根据产品用途，选择测定涂层或砂浆试件的抗渗压力。

2.3.5 防水透汽膜

透汽防水垫层是由聚丙烯非织布、透气膜和增强网格布等复合而成，是一种三层或四层材料复合的功能膜。具有一定压差状态下水蒸气透过性能，又能阻止一定高度液态水通过，可用于屋面和墙体的非外露辅助防水材料，又称防水透汽膜。该产品执行现行行业标准《透汽防水垫层》JC/T 2291 的规定。主要性能指标应符合表 2.3-7 的要求。

防水透汽膜的主要性能指标　　　　表 2.3-7

序号	项目			性能指标		
				Ⅰ型	Ⅱ型	Ⅲ型
1	拉伸性能	拉力（N/50mm）≥	纵向	130	180	260
			横向	80	140	200
		最大力时伸长率（%） ≥		10	10	10
2	不透水性			1000mm 水柱，2h 无渗漏	1000mm 水柱，2h 无渗漏	1500mm 水柱，2h 无渗漏
3	低温弯折性			−30℃，无裂纹		
4	加热伸缩率（%）		≤	+2		
			≥	−4		
5	钉杆撕裂强度（N）		≥	40	60	120
6	水蒸气透过量［g/(m²·24h)］		≥	1000	300	200

续表

序号	项目			性能指标		
				Ⅰ型	Ⅱ型	Ⅲ型
7	漫水后拉力保持率（%）		≥	80		
8	热空气老化 （80℃，168h）	外观		无粉化、分层		
		拉力保持率（%）	≥	80		
		最大力时伸长率保持率（%）	≥	70		
		不透水性		500mm 水柱， 2h 无渗漏	500mm 水柱， 2h 无渗漏	1000mm 水柱， 2h 无渗漏
		水蒸气透过量［g/(m²·24h)］	≥	1000	300	200

2.3.6　聚氨酯泡沫填缝剂

单组分聚氨酯泡沫填缝剂是一种单组分聚氨酯泡沫填缝剂，是由氰酸、多元醇和溶剂反应后注入储罐内，使用时，从储罐内流出与空气或周围环境的水分进行化学反应而固化，实现填充、封充、收边、密封堵漏、填充补缝等效果。该产品执行现行行业标准《单组分聚氨酯泡沫填缝剂》JC/T 936 的规定。主要性能指标应符合表 2.3-8 的要求。

聚氨酯泡沫填缝剂的主要性能指标　　　　　　　　表 2.3-8

序号	项目			性能指标
1	密度（kg/m³）		≥	10
2	导热系数［35℃，W/(m·K)］		≤	0.050
3	尺寸稳定性［(23±2)℃，48h，%］		≤	5
4	燃烧性ᵃ（级）			B₂ 或 B₃
5	拉伸粘结强度ᵇ（KPa）　≥	铝板	标准条件，7d	80
			浸水，7d	60
		PVC 塑料板	标准条件，7d	80
			浸水，7d	60
		水泥砂浆板	标准条件，7d	60
6	剪切强度（kPa）		≥	80
7	发泡倍数（倍）		≥	标示值－10

注：表中第 4 项为强制性的其余为推荐性的。
　　a. 仅测 B₂ 级产品。
　　b. 试验基材可在三种基材中选择一种或多种。

2.3.7　喷涂硬泡聚氨酯

喷涂硬泡聚氨酯采用异氰酸酯、多元醇及发泡剂等添加剂，在现场使用专用喷涂设备经喷枪口处混合直接喷涂在屋面或外墙基层上，连续多遍喷涂即可反应形成完整、无缝的硬泡聚氨酯保温防水层。喷涂硬泡聚氨酯按材料物理性能分为Ⅰ型、Ⅱ型、Ⅲ型三种类型；屋面防水保温一体化用喷涂硬泡聚氨酯应为Ⅱ型和Ⅲ型两种类型。屋面用喷涂硬泡聚氨酯执行现行国家标准《硬泡聚氨酯保温防水工程技术规范》GB 50404 的规定。

2.4 防水密封材料

2.4.1 丁基橡胶防水密封胶粘带

丁基橡胶防水密封胶粘带是以饱和聚异丁基橡胶、丁基橡胶、卤化丁基橡胶等为主要原料制成的弹塑性胶粘带，属压敏特性的粘结密封材料，能长期保持粘结性状态。产品按粘结面分为单面胶粘带和双面胶粘带，单面胶粘带按覆面材料分为无纺布、铝箔和其他覆面材料；按用途分为高分子防水卷材用和金属板屋面用的粘结密封材料。

产品执行现行行业标准《丁基橡胶防水密封胶粘带》JC/T—942 的规定。

2.4.2 建筑用硅酮结构密封胶

建筑用硅酮结构密封胶是以聚硅氧烷为主剂，加入硫化剂、促进剂、填料、颜料等配制而成。分为双组分型及单组分型两种类型。

产品执行现行国家标准《建筑用硅酮结构密封胶》GB 16776 的规定。

2.4.3 硅酮建筑密封胶

以聚硅氧烷为主要成分，室温固化的单组分密封胶。产品按固化机理分为 A 型（酸性）和 B 型（中性）两类，按用途分为 G 类（镶装玻璃用）和 F 类（建筑接缝用）两类；产品按位移能力分为 25、20 两个级别，按拉伸模量分为高模量（HM）和低模量（LM）两个级别。产品执行现行国家标准《硅酮和改性硅酮建筑密封胶》GB/T 14683 的规定。硅酮建筑密封胶的主要性能指标应符合表 2.4-1 的要求，硅酮耐候密封胶的主要性能指标应符合表 2.4-2 的要求。

硅酮建筑密封胶主要性能指标 表 2.4-1

项目		性能指标			
		25HM	20HM	25LM	20LM
密度（g/cm^3）		规定值±0.1			
下垂度（mm）	垂直		≤3		
	水平	无变形			
表干时间（h）		≤3[1]			
挤出性（mL/min）		≥80			
弹性恢复率（%）		≥80			
拉伸模量（MPa）	23℃	>0.4 或>0.6		≤0.4 和≤0.6	
	−20℃				
定伸粘结性		无破坏			
紫外线辐照后粘结性[2]		无破坏			
冷拉—热压后粘结性		无破坏			
浸水后定伸粘结性		无破坏			
质量损失率（%）		≤10			

注：1. 允许采用供需双方商定的其他指标值。

2. 此项仅适用于 G 类产品。

硅酮耐候密封胶的主要性能指标　　　　　　表 2.4-2

项目			性能要求
下垂度	垂直放置（mm）		≤3
	水平放置		不变形
表干时间（h）			≤3
拉伸粘结性	拉伸粘结强度（MPa）	23℃	≥0.60
		90℃	≥0.45
		−30℃	≥0.45
		浸水后	≥0.45
		水—紫外线光照后	≥0.45
	粘结破坏面积（%）		≤5
	23℃时最大拉伸强度时伸长率（%）		≥100
热老化	热失重（%）		≤10
	龟裂		无
	粉化		无

2.4.4　聚硫建筑密封胶

聚硫建筑密封胶是以液态聚硫橡胶为主体，加入增塑剂、增粘剂、补强剂、偶联剂、固化剂及填料等制成的双组分室温硫化型建筑密封胶。产品按流动性分为非下垂型（N）和自流平型（L）两个类型，按位移能力分为 25、20 两个级别，产品按拉伸模量分为高模量（HM）和低模量（LM）两个级别。

产品执行现行行业标准《聚硫建筑密封胶》JC/T 483 的规定。

2.4.5　聚氨酯建筑密封胶

以氨基甲酸酯聚合物为主要成分的单组分和多组分建筑密封胶。产品按包装形式分为单组分（Ⅰ）和多组分（Ⅱ）两种，按流动性分为非下垂型（N）和自流平型（L）两个类型，按位移能力分为 25、20 两个级别，按拉伸模量分为高模量（HM）和低模量（LM）两个级别。

产品执行现行行业标准《聚氨酯建筑密封胶》JC/T 482 的规定。

2.4.6　丙烯酸酯建筑密封胶

以弹性丙烯酸酯乳液为基料，加入少量表面活性剂、增塑剂、改性剂、填充剂及颜料等配制而成的单组分建筑密封胶。产品按位移能力分为 12.5（弹性体记号 12.5E，塑性体记号 12.5P）和 7.5（塑性体记号 7.5P）两个级别。

产品执行现行行业标准《丙烯酸酯建筑密封胶》JC/T 484 的规定。

2.4.7　改性沥青密封材料

改性沥青密封材料应为黑色均匀膏状，无结块和未浸透的填料。改性沥青密封材料的主要性能指标应符合表 2.4-3 的要求。

改性沥青密封材料的主要性能指标 2.4-3

项目		性能指标	
		Ⅰ类	Ⅱ类
耐热度	温度（℃）	70	80
	下垂值（mm）≤	4.0	
低温柔性	温度（℃）	−20	−10
	粘结状态	无裂纹和剥离现象	
拉伸粘结性（%）≥		125	
施工度（mm）≥		22.0	20.0

2.4.8 合成高分子密封材料

合成高分子密封材料应为均匀膏状物或黏稠液体，无结皮、凝胶或不易分散的团状固体填料。合成高分子密封材料的主要性能指标应符合表 2.4-4 的要求。

合成高分子密封材料的主要性能指标 表 2.4-4

项目		性能指标
适用期（min）≥		180
剪切状态下的粘结性	卷材与卷材（N/mm）≥	2.0
	卷材与基材（N/mm）≥	1.8
剥离强度	卷材与卷材（N/mm）≥	1.5
	浸水后保持率 ≥	70%

2.5 堵漏材料

堵漏材料分为刚性堵漏材料和灌浆堵漏材料两种类型，应根据工程需求、材料特性及渗漏水治理措施等因素选用，堵漏材料的性能指标应符合国家标准、行业标准和设计要求。

2.5.1 灌浆材料

2.5.1.1 水泥灌浆材料

水泥灌浆材料由超细颗粒的水泥和外加剂组成。

优点：成本低，材料来源广泛，硬化后强度高，在土壤中的渗透性良好。

缺点：水泥颗粒相对化学浆大，不适用细微裂缝注浆；凝固时间较长，不适用快速止水工程。

用于止水帷幕堵漏的水泥基灌浆材料应符合现行行业标准《水泥基灌浆材料》JC/T 986的规定，灌浆用水泥性能指标应符合现行国家标准《通用硅酸盐水泥》GB 175 的规定，水泥的强度等级不宜低于 42.5；灌浆用水应符合现行行业标准《混凝土用水标准》JGJ 63的规定。

2.5.1.2 环氧树脂灌浆材料

环氧树脂有多种性能的品种，包括可灌性较好的低黏度环氧、收缩率较低的无溶剂环氧、高熔点环氧等。环氧树脂灌浆材料通常由树脂与固化剂现场配制而成，也有单组分环氧。适用于混凝土裂缝补强工程，具有良好的耐化学性，对碱性环境具有良好的抵抗力。由于凝固慢，凝固时间难以精确控制，不适用于在有水状态下使用。环氧树脂灌浆材料宜用于混凝土结构和地基的补强加固工程以及无饱和水、无流动水的潮湿裂缝防渗工程。

用于混凝土裂缝补强防水的环氧树脂灌浆材料应符合现行行业标准《混凝土裂缝用环氧树脂灌浆材料》JC/T 1041 的规定，环氧树脂灌浆材料的主要性能指标应符合表 2.5-1、表 2.5-2 的要求。

环氧树脂灌浆材料浆液的主要性能指标　　　　　　　表 2.5-1

序号	项目	性能指标	
		L	N
1	初始密度（g/cm³）	≥1.00	≥1.00
2	初始黏度（mPa·s）	≤30	≤200
3	可操作时间（min）	≥30	≥30

环氧树脂灌浆材料固结体的主要性能指标　　　　　　表 2.5-2

序号	项目		性能指标	
			I	II
1	抗压强度（MPa）		≥40	≥70
2	拉伸剪切强度（MPa）		≥5.0	≥8.0
3	抗拉强度（MPa）		≥10	≥15
4	粘结强度	干粘结（MPa）	≥3.0	≥4.0
		湿粘结（MPa）	≥2.0	≥2.5
5	抗渗压力（MPa）		≥1.0	≥1.2
6	渗透压力比（%）		≥300	≥400
7	断裂延伸率（%）		≥20	

注：1. 湿粘结强度：潮湿条件下必须进行测定。
　　2. 固化物性能的测定龄期为 28d。
　　3. "断裂延伸率"为弹性环氧指标。

2.5.1.3　聚氨酯灌浆材料

聚氨酯灌浆材料用于快速堵漏止水部位，不应用于有结构加固要求的防渗堵漏工程；当渗漏水部位存在一定结构允许变形时，选用的聚氨酯灌浆材料弹性指标应具有相应的应变能力，且与基层有较好的粘结强度。

产品执行现行行业标准《聚氨酯灌浆材料》JC/T 2041 的规定。

2.5.1.4　丙烯酸盐灌浆材料

丙烯酸盐灌浆材料宜用于地基和混凝土裂缝防渗工程，土层、砂砾石层的固结灌浆工程以及砖砌墙体的渗漏工程。丙烯酸树脂有粉末和液体两种形式，使用时加入一定比例的催化剂，可在预定时间内凝胶，可以添加速凝剂和缓凝剂以调节凝固时间，丙烯酸盐灌浆材料宜采用双液法进行灌注，胶凝时间大于 30min 的，可用单液法灌注。

丙烯酸盐灌浆材料黏度低，可灌性好，凝固时间可以控制，有一定的膨胀性。但是失水易收缩，不适合在 0℃ 以下施工，需要在有水或相对潮湿的环境中保持稳定，不适合宽大裂缝同时又是高水压的堵漏，不适用于有结构补强要求的工程。

产品执行现行行业标准《丙烯酸盐灌浆材料》JC/T 2037 的规定。

2.5.1.5 水泥—水玻璃灌浆材料

水泥—水玻璃灌浆材料为水泥浆和硅酸盐浆的混合物，灌浆用水玻璃原液模数宜为 2.4～3.0，浓度宜为 30～45 波美度。

水泥—水玻璃灌浆材料可以快速止水，也适用于在高流速水状态下施工，材料成本较低。但是凝固时间不可控，游离硅酸盐有一定毒性，不适用于狭窄、密闭、空气不流通空间的施工。

产品执行现行行业标准《水泥—水玻璃灌浆材料》JC/T 2536 和《建筑工程水泥—水玻璃双液注浆技术规程》JGJ/T 211 的规定，水泥—水玻璃灌浆材料性能指标应符合现行行业标准《水泥—水玻璃灌浆材料》JC/T 2536 的要求。

2.5.1.6 高渗透改性环氧防水涂料（KH—2）

高渗透改性环氧防水涂料是以改性环氧树脂为主体材料，加入多种助剂制成的具有高渗透能力和可灌性的双组分防水涂料。该产品属反应固化型防水涂料。高渗透改性环氧树脂防水涂料主要性能指标应符合表 2.5-3 的要求。

高渗透改性环氧树脂防水涂料主要性能指标　　　　　　　　　　表 2.5-3

项目	性能指标
胶砂体的抗压强度（MPa）	≥60
粘结强度（干、湿）（MPa）	干≥5.6　湿≥4.7
抗渗系数（cm/s）	10^{-12}～10^{-13}
透水压力比　（%）	≥300
涂层耐酸碱、耐水性能（重量变化率%）	≤1
冻融循环重量变化率　（%）	≤1
甲组分：乙组分＝1000：50	

2.5.2 刚性堵漏材料

2.5.2.1 混凝土快速堵漏用水泥基渗透结晶型材料

用于快速封堵有压力水的混凝土渗漏部位，以及需要混凝土快速凝固和迅速达到早期强度的渗透结晶型材料。混凝土快速堵漏用水泥基渗透结晶型材料试验方法按照《无机防水堵漏材料》GB 23440 中的速凝型（Ⅱ型）试验方法，性能指标应符合表 2.3-4 的要求。

2.5.2.2 用于渗漏或涌水基体上的无机快速堵漏材料应符合现行国家标准《无机防水堵漏材料》GB 23440 中Ⅱ型的规定

 思考题

　　1. 了解常用防水卷材、防水涂料的性能特点和施工工艺。

　　2. 熟悉常用刚性堵漏材料、注浆材料的性能特点和施工工艺。

第3章 防水修缮技术

3.1 建筑地下空间防水工程修缮技术

3.1.1 地下工程渗漏修缮基本原则

3.1.1.1 因地制宜的原则

1. 修缮方案设计应因地制宜。

应根据渗漏工程所在的地区、所处的环境、工程的类型、工程特点和渗漏的部位、渗漏的程度、渗漏的原因和使用要求等具体的情况，设计出质量可靠、施工简便、节能环保、经济合理的最佳修缮方案，采取有针对性的修缮措施；修缮方案应适合所修缮工程的特点，不可千篇一律，照搬照抄。

2. 选材应因地制宜。

（1）用于地下工程的防水、堵漏材料，应具有良好的耐水性、耐久性、耐腐蚀性、耐菌性、适应性，无毒、无害，材料的性能指标应符合相关标准的规定。

（2）迎水面防水、堵漏材料应与原设计防水材料相同或相容，背水面宜选用水泥基类刚性防水材料、环氧防水材料等。

（3）注浆堵漏止水宜选用聚氨酯、丙烯酸盐、水泥—水玻璃等材料，结构补强宜选用改性环氧、水泥基类灌浆材料。

（4）易活动部位应选用延展性能好的柔性材料，潮湿基面应选用湿施工防水材料或水泥基类防水材料。

（5）多道设防时，不同的防水材料应具有相容性。

3. 施工应因地制宜。

（1）迎水面具备施工条件，又能解决渗漏问题，且经济合理时，应优先考虑迎水面治理，避免和减轻结构浸水；当迎水面不具备施工条件时，应在背水面施工；条件允许及工程必要时，应在迎水面与背水面同时施工。

（2）针对底板、侧墙、顶板及细部节点、细部构造等不同部位的渗漏，采取有针对性的施工工艺。

3.1.1.2 堵、防、排结合的原则

渗漏治理，以堵、防为主，根据渗漏部位、渗漏原因、渗漏状况，配以有条件的排水措施。

3.1.1.3 刚柔相济的原则

迎水面修缮宜采用柔性防水材料，背水面治理宜采用刚性防水层，当采用刚性防水时，在变形缝部位应采用柔性材料修缮措施；在管根预埋件周围等部位宜采用柔性材料与刚性材料复合的修缮措施，以达到优势互补的目的。

3.1.1.4　综合治理的原则

1. 凡与渗漏有关的因素均应进行治理，避免头痛医头、脚痛医脚，应从根本上解决渗漏问题。

2. 从修缮技术方面，基础加固、帷幕防水、结构注浆、结构补强、刚性材料堵漏、面层防水、细部构造处理需要综合考虑，多种措施并举。

3. 区别渗漏水与冷凝水，冷凝水的治理应从保温、除湿、通风方面解决产生冷凝水的因素。

3.1.2　地下防水工程渗漏修缮方案编制

3.1.2.1　地下防水工程渗漏修缮方案编制依据

1. 现场查勘资料与查阅的资料。

2. 渗漏现状。

3. 渗漏原因。

4. 使用要求。

5. 现场条件。

6. 相关规范标准。

3.1.2.2　地下防水工程渗漏修缮方案的主要内容

1. 修缮范围：明确是局部修复还是整体修复。

2. 修缮方式：明确迎水面修复还是背水面修复，或迎水面、背水面同时处理。

3. 防水、堵漏材料选用及性能要求。

4. 技术要求。

5. 施工工艺。

6. 工程质量要求。

3.1.2.3　现场查勘与查阅资料

1. 现场查勘宜包括以下内容：

（1）地下工程类型等工程概况。

（2）渗漏水的现状：渗漏水的部位、渗漏形式、渗漏程度和渗漏水量。

（3）渗漏水的变化规律：是否有周期性、季节性、阶段性、偶然性、长期稳定性。

（4）渗漏水水源：分析水的来源是地下水、上层滞水，还是市政管网漏水、雨水、雪水、绿地用水、生活用水等。

（5）防水层材料现状。

（6）防水混凝土质量现状。

（7）建筑周围、地面排水情况。

（8）渗漏水维修情况。

2. 现场查勘基本方法：

（1）背水面主要查勘渗漏部位、渗漏范围、渗漏程度。

（2）迎水面主要查勘建筑周围环境、河流、水系、市政管道对地下工程的影响、地面排水情况及防水层出地面收头情况。

（3）根据工程渗漏的不同情况，可采用观察、测量、仪器探测、微损检测、岩心取样等方法查勘，必要时可通过在雨后观察的方法查勘。

3. 资料查阅主要内容：

（1）工程类别、结构形式；主体混凝土的强度等级、抗渗等级；施工缝、变形缝、后浇带、桩头等细部构造；

（2）地下水位、防水等级、防水设防措施、防水构造、洽商变更、工程防排水系统；

（3）防水施工组织设计或施工方案、技术交底、相关洽商变更等技术资料；

（4）工程使用的原防水材料说明书、性能指标、试验报告等材料质量证明资料；

（5）防水工程施工中间检查记录、质量检验和验收资料等；

（6）地下防水工程维修记录等。

3.1.2.4 渗漏原因分析

根据现场查勘、资料查阅和相关标准，从设计、材料、施工、管理等方面分析渗漏原因，作为修缮方案编制的重要依据。

3.1.3 施工

3.1.3.1 地下防水工程修缮施工准备与施工条件

1. 地下防水工程修缮施工前，应在渗漏工程现场查勘和资料查阅的基础上编制防水修缮施工方案。

2. 地下防水工程修缮应由专业的防水队伍承担，施工前对施工操作人员应进行技术交底和技术培训。

3. 地下防水工程修缮施工作业区域应有可靠的安全防护措施，施工人员应有必要的安全防护服装、设备。

4. 对易受施工影响的作业区应进行遮挡与防护。

5. 施工环境温度应符合选用的防水堵漏材料和相应施工工艺要求。

6. 地下防水修缮所选用的防水堵漏材料应按规定进行检查和复验。

3.1.3.2 施工顺序

1. 室内、室外同时修缮时，应先施工室外后施工室内；

2. 室内修缮施工时，应先高后低、先易后难、先堵后防；

3. 室外修缮施工时，应先下后上、先排后防。

3.1.3.3 背水面修缮施工，应采用结构堵漏与面层处理相结合的方法

1. 排水。

室内渗漏治理，为背水面的被动防水、堵漏，应尽量在无水状态下施工，如果带水作业，应尽量在无压状态下进行，或在水的压力尽量小的情况下进行。室内渗漏治理采用排水（引水、疏水）方法，主要是为了利于渗漏治理施工，是临时性手段。不应作为主要治漏措施。地下工程的钢筋混凝土结构是一种非匀质并均有多孔和显微裂缝的物体，其内部存在许多在水泥水化时形成的氢氧化钙，故使其呈现 pH 为 12～13 的强碱性能，氢氧化钙对钢筋可起到钝化和保护的作用。当混凝土结构体发生渗漏水时，水会将混凝土结构内部的氢氧化钙溶解和流失，碱性降低，当 pH 小于 11 时，混凝土结构体内钢筋表面的钝化膜会被活化而生锈，所形成的氧化亚铁或三氧化二铁等铁锈的膨胀应力的作用，使结构体开裂增加水和腐蚀性介质的侵入，造成了恶性循环，最终将影响到结构安全和建筑使用寿命。

2. 堵漏。

（1）堵漏是工程治理渗漏中经常使用的一种方法，堵漏分为刚性材料堵漏和化学灌浆堵漏两种类型。

刚性材料堵漏既可作为独立的治漏方法，又可作为大面积防水的前期工作。表面渗漏可采用刚性材料封堵，结构性的渗漏，宜选用注浆方式封堵止水。在实际工程渗漏治理施工中，基本采用刚性材料堵漏与化学注浆堵漏相结合的方法。

（2）刚性材料堵漏的基本方法：

1）查找渗漏点与渗漏水源；

2）通过钻孔、剔凿方法引水、疏水，使面漏、线漏变点漏；通过减压，尽量使堵漏施工在无水或低水压状态下进行；

3）基层处理。铲除装饰层、水泥砂浆找平层至混凝土结构表面；剔除不密实、疏松的混凝土至坚实部位；混凝土渗漏裂缝宜剔凿成宽 20mm、深 30mm 的 U 形凹槽。剔凿部位应清理干净；

4）材料选用。刚性堵漏材料宜选用凝结速度可调的水泥基渗透结晶型防水堵漏材料、高分子益胶泥堵漏材料、水泥—水玻璃等堵漏材料。

5）按堵漏材料的凝结速度和操作手施工速度分次配制用料量，将粉料与水按比例混合，拌制成手握可以成团的半干型的堵塞用料，塞填在需堵漏的孔、洞、缝隙、凹槽里，塞紧压实。带水压施工时，堵漏材料嵌填封堵后应采用施加外压力的措施；

6）对堵漏后的部位进行修平处理，再按面层防水的要求进行后道工序的施工。

（3）化学灌浆的基本施工方法：

1）钻孔。

① 混凝土结构裂缝渗漏，注浆孔宜交叉布置在裂缝两侧，钻孔应斜穿裂缝，钻孔深度不宜小于 150mm（图 3.1-1）；

② 混凝土不密实渗漏，钻孔深度不宜小于混凝土结构厚度的三分之二；

③ 进行帷幕注浆时，钻孔应穿透混凝土结构（图 3.1-2）。

2）注浆范围宜为渗漏区域边缘向外延伸不小于 500mm 范围内。

3）注浆针头间距宜为 300～500mm。

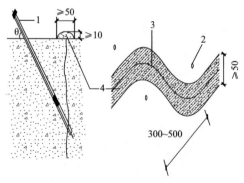

图 3.1-1　跨缝钻孔注浆示意图

1—注浆针头；2—注浆止水钻孔；
3—注浆补强钻孔；4—裂缝

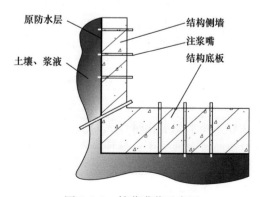

图 3.1-2　帷幕灌浆示意图

4）注浆针头埋置后，缝隙应用速凝堵漏材料封堵，并留出排气孔。

5）注浆应饱满，由下至上进行。

6）注浆压力，宽缝注浆压力宜用 0.2～0.3MPa，细缝宜用 0.3～0.5MPa。

7）注浆完成 72h 后，对注浆部位应进行表面处理，清除溢出的注浆料，切除并磨平注浆针头。

3. 面层处理。

刚性堵漏和结构注浆止水后，应进行面层防水处理，根据工程环境、现场条件等因素，采用与基层粘结力强、抗渗、抗压性能好、可在潮湿基面施工的防水材料，如高渗透改性环氧树脂防水涂料、水泥基渗透结晶型防水涂料、水性环氧防水涂料、单组分聚脲防水涂料或铺抹聚合物水泥防水砂浆等，做背水面防水增强处理。

3.1.3.4 室外修缮

1. 地下工程渗漏修缮，室外具备施工条件、能达到有效修缮效果、又经济合理时应优先考虑室外治理的方案；室外修缮适用于具备施工条件的地下工程外墙、顶板渗漏和室外排水缺陷，对埋置不深的地下工程顶板防水缺陷和外墙防水设防高度不够的修补、卷材防水层出地坪收头钉压不牢与密封不严的缺陷应在室外修复；埋置不深的穿外墙管洞渗漏及半地下室外墙渗漏，宜在迎水面修复。

2. 地下工程渗漏治理室外施工需要降、排水时，首先应进行降水和排水，水位应低于需要进行防水修缮施工部位 500mm。

3. 挖土方前应对施工部位进行勘查，对树木花草做好移栽，对地下管线进行标注。开挖时应用人工挖土或小型机械挖土，避免损坏原防水层和损坏地下管线、市政设施，沟槽放坡和安全支护应符合相关标准规定，防止塌方。

4. 室外防水修复应选用与原防水层相同或相容的防水材料。

5. 地下工程防水室外局部修复施工技术要求：

（1）查找渗漏点、破损点，切除起鼓、破损的防水层；

（2）防水层修复范围应大于破损范围，从破损点边缘处外延不应小于 500mm；

（3）清理需修补的防水基面，应擦净泥土；

（4）防水层与基层应满粘，新施工的防水层与原防水层的搭接宽度不应小于 150mm，粘结紧密，不得有张口、翘边等现象；

（5）修补的防水层厚度不得低于原设计要求。

6. 防水层整体翻修技术要求：

（1）应拆除老化、空鼓、破损的防水层；新旧防水层接槎部位，原防水层应留出150mm 搭接宽度；

（2）选用防水材料时，应选用与原防水层相同或相容的防水材料，同时应优先采用与基层紧密粘结、不窜水的防水构造；

（3）防水基层应坚实、平整、干净，质量应符合相关标准规定和满足选用的修复防水材料施工要求；

（4）防水层施工工艺应符合选用的防水材料相应施工工艺和相应标准规定。

7. 地下工程防水室外修缮施工完成，防水层经验收合格后应及时施工保护层，保护层的材料及施工做法应符合原设计的要求。

8. 室外挖开的部位回填时，回填部位不得有积水、污泥，回填土应选用过筛的黄土、黏土或灰土，不得将施工渣土、垃圾、石块、砖块作为回填土使用，回填土干湿程度应有利于夯实，其含水量应以手握成团、手松可散开为宜，回填土应分层夯实，每层厚度宜为300mm左右，机械夯填时不得损坏防水层。

3.1.4　顶板渗漏修缮技术

3.1.4.1　附建式地下工程顶板渗漏修缮技术

1. 附建式地下工程顶板渗漏，对应上方为室内；

2. 渗漏水源来自有水房间，如厨房、卫生间、淋浴房、洗衣房、游泳池、戏水池、水池等，或有水设备层，如给水排水管道、暖气管道、消防管道、消防水池等；

3. 对有水房间、设备层渗漏修缮，应根据渗漏部位、渗漏范围、渗漏程度、渗漏原因等因素，制定针对性修缮方案，在迎水面治理，修缮施工技术详见本教材室内渗漏水修缮章节相应内容；

4. 顶板的背水面混凝土不密实、裂缝等缺陷应采用水泥基类刚性材料进行修缮处理。

3.1.4.2　单建式地下工程顶板渗漏修缮技术

1. 单建式地下工程顶板对应地面常见的类型有：

（1）种植顶板，包括简单式种植绿地、花园式种植顶板、花园式小区庭院等；

（2）公共活动场所，主要为人员集会、休闲、活动场地，局部有种植花草树木及景观山水等；

（3）停车场，主要用于停放车辆，局部有种植花草树木；

（4）人工土山，景观水榭，硬化道路等。

2. 修缮类型。

单建式地下工程顶板对应地面设置类型多，出现渗漏水问题，应根据顶板对应地面设置类型、渗漏部位、渗漏程度、渗漏原因等因素制定修缮方案，采用相应的施工方法。

（1）顶板渗漏比较普遍、渗漏程度严重、原防水层基本不起作用时，应予整体修缮；细部节点及顶板有局部渗漏时，应采用局部修缮方案。

（2）单建式地下工程顶板整体修缮时，对应地面为广场、停车场、简单式种植顶板、景观水榭等设置，具备以下条件可在迎水面修缮：

1）顶板覆土埋置不深，地面设置不复杂，具有施工可操作性；

2）迎水面修缮不影响建筑安全；

3）有利于彻底解决渗漏，保证修缮效果；

4）经济合理。

（3）单建式地下工程顶板整体修缮，遇有对应地面为花园式种植顶板、花园式小区庭院、土山等复杂设置，迎水面施工工程量大、难度大、成本高、背水面治理完全可以解决渗漏问题时，则应在背水面修缮。

3. 迎水面整体修缮基本方法步骤：

（1）移栽树木花草，拆除地面影响防水施工的设施；对暗埋管线、市政设施进行标注和保护；

（2）拆除地面装饰层、垫层，挖开、运走覆土，失效的防水层、保温层应一并拆除，将防水基层清理干净；

（3）检查防水基层，对防水基层进行修补处理，基层应符合坚实、平整、排水坡度正确等要求；

（4）按原设计防水等级和种植顶板、种植屋面国家现行的标准，结合工程特点、使用要求，重新设计防水层、保温层及相关构造层次，并按相关标准规定进行选材与施工；

（5）防水层施工完成，应按相关标准进行检查验收，合格后恢复保护层、种植层、装饰层及相关构造与设施。

4. 背水面整体修缮基本方法步骤：

（1）顶板背水面整体修缮宜避开雨季，如在雨期施工，渗漏水严重、渗漏量大的部位，应首先采用临时引水措施，尽量排走顶板上保温层、覆土层内的积水，使背水面的防水、堵漏尽量在无水状态或无压状态下进行。

（2）正在渗漏部位，可选用聚氨酯注浆材料钻孔注浆快速止水。

（3）如顶板原采用卷材防水层，渗漏区域可选用丙烯酸盐注浆材料或非固化橡胶沥青防水涂料，钻孔灌浆至顶板混凝土结构与卷材防水层之间，形成新的复合防水、止水层；如顶板原采用涂料防水层，渗漏区域可选用丙烯酸盐注浆材料，钻孔灌浆至顶板涂膜防水层外侧，形成防水帷幕。

（4）顶板如存在不密实、疏松的混凝土，应剔除至坚实部位，清理干净后，采用改性环氧树脂防水胶泥、聚合物水泥防水砂浆等抹压密实，修补平整。

（5）对 0.2mm 以上的混凝土裂缝，宜切割、剔凿成宽 20mm、深 30mm 的 U 形凹槽，缝内可采用钻孔注浆或贴嘴灌注改性环氧树脂材料封堵；注浆完成后，凹槽可选用改性环氧树脂胶泥、聚合物水泥防水砂浆、水泥基渗透结晶型防水堵漏材料、高分子益胶泥防水材料等嵌填密实，修补平整。

（6）面层防水。

1）顶板背水面面层防水应在渗漏部位止水和混凝土缺陷修补完成后进行；

2）面层应清理至结构层；

3）面层防水材料，应根据工程环境、现场条件等因素，选用涂刷与基层粘结力强、抗渗、抗压性能好、可在潮湿基面施工的防水涂料，如高渗透改性环氧树脂防水涂料、水泥基渗透结晶型防水涂料、水性环氧防水涂料、单组分聚脲、高分子益胶泥等，或铺抹聚合物水泥防水砂浆等做防水层，施工方法步骤应符合选用的防水材料施工工艺和相关要求。

（7）面层防水层完成后可直接作涂料装饰层，无需再做其他保护层。

5. 背水面局部修缮基本方法步骤：

（1）顶板背水面局部修缮，主要修缮渗漏部位和顶板混凝土有缺陷的部位。

（2）顶板背水面局部修缮，只要具备施工条件，不受季节限制。

（3）顶板正在渗漏部位，可选用刚性堵漏材料与聚氨酯注浆材料钻孔注浆相结合的方法快速止水，面层可选用高渗透改性环氧树脂防水涂料、水泥基渗透结晶型防水涂料、高分子益胶泥、水性环氧防水涂料、单组分聚脲等防水材料。

（4）顶板混凝土不密实、疏松的部位应剔除，清理干净后，采用改性环氧树脂防水砂浆、聚合物水泥防水砂浆等修补，抹压密实、平整。

（5）对 0.2mm 以上的混凝土裂缝，宜切割、剔凿成宽 20mm、深 30mm 的 U 形凹槽，缝内可采用钻孔注浆或贴嘴灌注改性环氧树脂材料封堵；注浆完成后，凹槽可选用改性环氧树脂防水砂浆、聚合物水泥防水砂浆、水泥基渗透结晶型防水堵漏材料、高分子益胶泥防水材料等嵌填密实、平整。凹槽两侧各 200mm 宽范围清理干净，涂刷水泥基类防水涂料，施工工艺与质量要求应符合相关标准的规定。

（6）顶板管根渗漏，管根周围应剔凿成宽 20mm、深 30mm 的 U 形凹槽，缝内可采用钻孔灌注聚氨酯或丙烯酸盐浆液止水；凹槽可选用改性环氧树脂防水砂浆、聚合物水泥防水砂浆、水泥基渗透结晶型防水堵漏材料、高分子益胶泥防水材料等嵌填密实、平整，周围 200mm 宽范围清理干净，涂刷水泥基渗透结晶型防水涂料，施工工艺与质量要求应符合相关标准的规定。

（7）顶板变形缝渗漏，应在变形缝中埋式止水带的两侧混凝土上钻斜孔至止水带迎水面，注入丙烯酸盐或聚氨酯灌浆材料、非固化橡胶沥青防水涂料封堵止水；变形缝背水面缝内应填充背衬材料，缝口内嵌填 20mm 厚密封材料，缝口外安装金属盖板；必要时，变形缝背水面缝内可灌注聚氨酯浆料、安装排水管和金属接水槽。

（8）面层装修恢复应与原设计协调。

3.1.5 侧墙渗漏修缮技术

3.1.5.1 迎水面修缮技术

1. 选择迎水面修缮应具备的条件：

（1）建筑周围具备开挖施工合理的距离和相应场地；

（2）建筑周围开挖不会影响建筑安全及相邻区域其他建筑的安全；

（3）侧墙防水层原设计为外防外贴（涂）做法；

（4）能彻底解决渗漏，综合成本合理。

2. 选择迎水面修缮类型。

（1）侧墙防水设防高度不够的修补、防水层出地坪收头固定不牢与密封不严的缺陷应在迎水面修缮，不宜在背水面修缮。

（2）埋置不深的穿侧墙管洞渗漏、半地下工程侧墙渗漏，迎水面具备开挖施工的可行性，应优先考虑迎水面修缮方案。

（3）背水面修缮难度极大、又不能彻底解决渗漏，迎水面具备修缮施工的可行性，可考虑迎水面修缮方案。

（4）建筑周围排水不畅，存在积水或向地下工程倒灌水时，必须在迎水面修缮。

3. 迎水面修缮基本方法步骤：

（1）降、排水。

地下工程侧墙渗漏治理室外施工，需要降、排水时，首先应进行降水和排水，降水深度应低于需要进行防水修复施工部位 500mm。

（2）挖土方。

挖土方前应对施工部位进行勘查，对树木花草做好移栽，对地下管线进行标注。开挖时应用人工挖土或小型机械挖土，避免损坏原防水层和损坏地下管线、市政设施，沟槽应合理放坡和安全支护，防止塌方。

（3）拆除保护层。

（4）原防水层处理：

1）刚性涂料防水层，应铲除粉化、开裂、翘壳、空鼓、破损的涂料防水层。

2）水泥砂浆防水层，应铲除空鼓、开裂、破损的防水层。

3）柔性涂料防水层，应铲除失效、剥离、空鼓、破损的防水层。

4）卷材防水层，应拆除失效、空鼓、破损、窜水的卷材防水层。

（5）细部构造修缮：

1）穿墙管与墙体结合部位存在渗漏问题时，管根周围应剔凿成宽 20mm、深 30mm 的 U 形凹槽，缝内应采用与侧墙防水层相容的防水密封材料嵌填密实、平整，周围 200mm 宽范围清理干净，涂刷与侧墙相容的防水涂料作附加层，面层覆盖与侧墙相同或相容的防水层，管根的防水构造应符合相关规范的规定。

2）变形缝：

① 清理变形缝外侧封盖材料及缝内塞填的材料至中埋式止水带；

② 紧贴中埋式止水带安装注浆管；

③ 缝内填塞挤塑板，缝口 20mm 深嵌填聚氨酯密封胶或聚硫密封胶等柔性密封材料，露出设置止水阀门的注浆管口；

④ 通过注浆管口向缝内注浆管灌注丙烯酸盐注浆材料至饱和状态；

⑤ 变形缝外侧封盖柔性防水附加层与防水层。

（6）防水层缺陷修补与增强防水做法：

1）清理需修补的防水层，擦净泥土，查找渗漏点、破损点，清理范围应大于破损范围，从破损点边缘处外延不小于 150mm。

2）防水层缺陷修补材料应选用与原防水层材料相同或相容的材料，刚性材料防水层、柔性涂料防水层修补均应选用原设计防水材料；改性沥青类卷材防水层可选用相同卷材或改性沥青涂料修补；防水层修补施工做法应符合设计要求和相关标准的规定。

3）防水层缺陷修补后，应重新覆盖一道防水层增强。刚性材料防水层上可选用聚乙烯丙纶卷材与聚合物水泥防水粘结料、水性橡胶高分子复合防水涂料、喷涂速凝橡胶沥青涂料等作新增防水层；柔性涂料防水层上可选用相同防水涂料或水性橡胶高分子复合防水涂料、喷涂速凝橡胶沥青涂料等作新增防水层；改性沥青类卷材防水层可选用相同卷材或水性橡胶高分子复合防水涂料、喷涂速凝橡胶沥青涂料、改性沥青涂料等作新增防水层。

（7）整体新做防水层。

应根据工程防水等级、原防水层材料和工程环境特点，选用新做防水层材料。重新做防水层材料应选用不易窜水的防水材料与防水构造：

1）涂料类：可选用水性橡胶高分子复合防水涂料、喷涂速凝橡胶沥青涂料、聚氨酯防水涂料、聚脲防水涂料、聚合物水泥防水涂料等，防水涂层厚度及施工做法应符合设计要求和相关标准的规定。

2）复合防水层可选用：聚乙烯丙纶卷材与聚合物水泥防水粘结料复合防水层，聚乙烯丙纶卷材＋聚合物水泥防水粘结料＋喷涂速凝橡胶沥青涂料复合防水层，非固化橡胶沥青防水涂料与改性沥青卷材复合防水层，现制水性橡胶高分子防水卷材，热熔型橡胶沥青涂料与改性沥青卷材复合防水层等。复合防水层厚度及施工做法应符合设计要求和相关标准的规定。

（8）保护层。

地下工程侧墙柔性防水层需作保护层，防水层施工完成验收合格后应及时作保护层施工，保护层的材料及施工做法应符合原设计的要求和相关标准的规定。

（9）回填土。

1）室外挖开的沟槽回填前，沟槽底部不得有积水、污泥，沟槽内不得有垃圾、杂物；

2）回填土选用应符合设计要求，不得将施工渣土、垃圾、石块、碎砖块作为回填土使用；

3）回填土干湿程度应有利于夯实，其含水量应以手握成团、手松可散开为宜；

4）回填土应分层夯实，每层厚度宜为300mm左右，机械夯填时不得损坏防水层。

（10）质量要求。

1）防水等级及防水层厚度不得低于原设计要求；

2）防水材料及配套材料应符合设计要求和相关标准的规定；

3）防水层施工工艺应符合设计要求和相关标准的规定；

4）修缮后侧墙防水标准应符合相应防水等级的规定。

3.1.5.2 背水面修缮

地下防水工程侧墙渗漏迎水面具备修缮条件的不是很多，大量的渗漏还是在背水面采取修缮措施。地下防水工程侧墙背水面修缮基本方法步骤：

1. 排水措施。

（1）地下工程渗漏严重、水压较大时，背水面修缮施工难度大，通过排水措施，可以解除或减轻水的压力，为后道工序进行堵漏、防水创造良好的施工条件。地下工程背水面排水是渗漏修缮施工期间临时采用的一个辅助措施，不应作为治漏主要方法。混凝土结构渗漏采用长期排水措施，会引起钢筋的锈蚀和膨胀，钢筋的锈蚀、膨胀又会加大混凝土结构的开裂和加重渗漏，如此往复形成恶性循环，缩短建筑物的使用寿命。

（2）排水的主要方法：

1）安装引水管。

需要引水的部位剔凿或钻孔成与引水管径大小相同的洞口，可直接将引水管插入，用速凝刚性材料固定，将水引入排水沟或集水井。

2）设置渗水沟。

地面与侧墙连接的阴角部位设置渗水沟，并与集水井连通，将墙面渗漏水有组织收拢排至集水井。

3）设置集水井。

集水井为引水管、渗水沟的配套设施，集水井应设在标高较低、便于集水的位置，集水井应进行防水处理，应安装向室外抽水的抽水泵。

2. 堵漏。

堵漏是侧墙渗漏中常采用的主要修缮措施，既可作为独立的治漏方法，又可作为大面积防水的前期工序。表面轻微渗漏可采用刚性材料封堵，结构性的渗漏，应选用注浆方式封堵。在实际工程修缮中，基本均采用刚性材料堵漏与注浆堵漏结合的方法。堵漏施工时宜先易后难，先高后低。

（1）刚性材料堵漏。

1）刚性堵漏应选用防渗抗裂、凝结速度可调、与基层易于粘结、可带水作业的堵漏材料，常用的有水泥基渗透结晶型堵漏材料、高分子益胶泥、水不漏、堵漏灵等材料。

2）刚性材料堵漏的基本方法：

① 查找渗漏点与渗漏水源；

② 渗漏严重部位安装引水管，疏水减压；

③ 剔凿渗漏部位不密实的、疏松的混凝土至坚实部位，按堵漏材料的凝结速度和使用量调配用料，塞填在剔凿部位及需堵漏的孔、洞部位，至渗漏水完全被封堵；

④ 对 0.2mm 以上的裂缝宜切割、剔凿成宽度 20mm、深度 30mm 左右的 U 形凹槽，在凹槽内嵌填配制好的刚性堵漏材料；

⑤ 带压施工时，堵漏材料嵌填应饱满、密实并采用外力施压措施至堵漏材料固结；

⑥ 对堵漏后的部位应进行修平处理，再按面层防水的要求进行后续工序的施工。

（2）灌浆堵漏

灌浆堵漏，快速堵漏止水可选用聚氨酯、丙烯酸盐、水泥—水玻璃等注浆材料；结构补强可选用高渗透改性环氧树脂浆液、超细水泥浆等材料。灌浆堵漏施工的基本方法：

1）打孔，埋置注浆针头，注浆针头间距应根据渗漏部位、渗漏程度和混凝土厚度及浇筑质量确定，一般 500mm 左右；注浆针头埋置深度宜不小于结构厚度的 1/2。

2）注浆范围：渗漏区域及向外延伸不小于 500mm。

3）注浆针头埋置后，缝隙用速凝堵漏材料封堵，并留出排气孔。

4）注浆压力宜为静水压力的 1.5～2.0 倍。

5）注浆应饱满，并应反复多次进行。

6）注浆液完全固化后，对注浆部位进行表面处理，清除溢出的注浆料，切除并磨平注浆针头。

（3）结构外围注浆

1）地下工程的侧墙外围出现基础不实、洞穴、沉降现象时，应灌注水泥浆稳定、加固基础。

2）地下工程的侧墙渗漏严重，可采取结构外围注浆措施。采用配套钻头打穿结构层，采用专用灌浆设备，将浆液注入结构外侧，从迎水面形成拦截、挡水的防水帷幕。

① 侧墙采用卷材外防外贴施工工艺，注浆孔只打穿结构层，注浆料注到结构外侧与卷材防水层之间，使注浆料与卷材防水层、侧墙结构面形成不窜水的防水构造，在迎水面拦截、阻挡水进入混凝土结构。

② 侧墙采用卷材预铺反粘施工工艺或为涂料防水层，注浆孔应打穿结构层、防水层，注浆料注到防水层与保护层之间，形成拦截、阻挡水进入防水层的构造。

③ 侧墙渗漏严重、渗漏压力较大或出现涌水等情况时，注浆孔宜打穿结构层、防水层、保护层，注浆料灌注至填土层内，在结构外围形成防水帷幕。

3. 细部节点渗漏修缮技术。

（1）穿墙管。

1）管根部周围混凝土应剔成 20mm 宽、30mm 深的凹槽，凹槽内埋置注浆针头。

2）凹槽清理干净，嵌填 20mm 厚高分子益胶泥或改性环氧树脂防水砂浆、水泥基渗透结晶型防水堵漏材料、聚合物水泥防水砂浆等刚性材料，露出注浆针头。

3）正在渗漏水时可采用丙烯酸盐或聚氨酯注浆止水，不渗漏时可选用改性环氧树脂注浆至饱和状态。

4）管根周围 200mm 范围内清理干净，采用高渗透改性环氧树脂防水涂料或水泥基渗透结晶型防水涂料、单组分聚脲等作面层防水，并涂刷至凹槽内。

5）凹槽嵌填 10mm 厚聚硫密封胶或聚氨酯密封胶等密封材料。

（2）变形缝。

侧墙变形缝渗漏背水面修缮，应采用注浆、密封、内置止水带等多种措施复合做法，形成有效止水、又适应变形的防水构造。变形缝渗漏背水面修缮基本做法：

1）拆除变形缝的盖板。

2）止水带两侧错开斜角钻孔至中埋式止水带迎水面，钻孔间距宜为 1000～1500mm，孔内灌注丙烯酸盐至中埋式止水带迎水面变形缝内。

3）变形缝两侧不密实、有蜂窝的混凝土应剔除，采用高渗透改性环氧树脂腻子或聚合物水泥防水砂浆进行修补。变形缝两侧各 150mm 范围内清理干净，清理范围包括缝内侧湿润后涂刷水泥基渗透结晶型防水涂料，涂层厚度不应小于 1mm。

4）紧贴中埋式止水带安装注浆管，缝内嵌填挤塑聚苯泡沫板或交联、闭孔、不吸水的聚乙烯泡沫棒材作背衬材料，缝口 20mm 深嵌填聚氨酯密封胶或聚硫密封胶等柔性密封材料，露出设置止水阀门的注浆管口，通过注浆管口向缝内注浆管灌注丙烯酸盐或聚氨酯注浆材料至饱和状态。

5）必要时，变形缝内可安装排水管和金属接水槽。

6）恢复变形缝盖板。

（3）施工缝。

1）施工缝部位应剔凿、切割成宽 20mm、深 30mm 的凹槽；

2）凹槽内埋置注浆针头，方法是嵌填 20mm 厚高分子益胶泥或改性环氧树脂防水砂浆、水泥基渗透结晶型防水堵漏材料、聚合物水泥防水砂浆等刚性材料，露出注浆针头；

3）正在渗漏水的施工缝可采用丙烯酸盐或聚氨酯注浆止水，不渗漏施工缝可选用改性环氧树脂注浆至饱和状态；

4）注浆完成后，切除注浆针头，施工缝两侧分别清理 200mm 宽范围，涂刷水泥基渗透结晶型防水涂料作面层防水处理。

（4）后浇带。

1）清理后浇带面层，剔除疏松、不密实的混凝土，采用改性环氧树脂防水砂浆或聚合物水泥防水砂浆、防水混凝土等修补密实、平整；

2）后浇带两侧的施工缝应剔凿、切割成宽 20mm、深 30mm 的凹槽，凹槽内埋置注浆针头，嵌填 20mm 厚高分子益胶泥或水泥基渗透结晶型防水材料、改性环氧树脂防水砂浆、水泥基渗透结晶型防水堵漏材料、聚合物水泥防水砂浆等刚性材料，露出注浆针头；

3）后浇带两侧的施工缝正在渗漏水时，应采用丙烯酸盐注浆止水；

4）后浇带施工缝两侧的表面 300mm 范围内应清理干净，并涂刷水泥基渗透结晶型防水涂料或抹压聚合物水泥防水砂浆作面层防水层；

5）保护层按原设计恢复。

4. 面层防水。

（1）基层处理。

1）面层防水层应做在坚实的混凝土结构层上，墙体表面的水泥砂浆找平层及装饰层应清理干净，疏松、不密实的混凝土应剔除至坚实部位，对光滑的混凝土表面应进行打磨处理。

2）凹凸不平的基层，可选用高渗透改性环氧树脂腻子或聚合物水泥砂浆、水泥基渗透结晶型堵漏剂等材料进行修补找平。

3）水泥基类刚性材料防水基层应湿润，但不得有明水；柔性防水材料基层的干、湿程度应根据选用的材料种类确定。

（2）侧墙面层防水材料选用。

1）水泥基类防水涂料：高分子益胶泥、水泥基渗透结晶型防水涂料等。

2）防水砂浆：聚合物水泥防水砂浆、内掺水泥基渗透结晶型防水剂防水砂浆、改性环氧树脂防水砂浆等。

3）环氧防水材料：高渗透改性环氧树脂防水涂料、水性环氧防水涂料。

4）设置内衬保护层时，可选用单组分聚脲、水性橡胶沥青高分子复合防水涂料、聚合物水泥防水涂料、聚乙烯丙纶卷材等材料。

（3）面层防水施工工艺。

1）水泥基类防水涂料，应按产品说明书的要求材料比例现场配制成浆料，配比应准确，搅拌应均匀；小面积施工可直接涂刷，大面积可采用机械喷涂施工，分遍完成，在前一遍表干后，进行后一遍涂层施工；涂布应均匀，覆盖完全，与基层应粘结紧密，不翘壳、不开裂、不粉化；涂层厚度应符合方案及相关规范要求，水泥基类刚性防水涂料在表干后应进行保湿养护，养护时间不宜小于72h。

2）水泥防水砂浆应按产品说明书的要求现场配制，随用随配，用多少配制多少，配制好的水泥防水砂浆应在规定时间内用完，水泥防水砂浆在抹压施工过程中出现干结时，可适当补加用水稀释的配套材料，不得任意加水；水泥防水砂浆应分层抹压，每层厚度不宜大于10mm，总厚度应符合设计要求和相关规范规定；水泥防水砂浆大面积施工时，为避免因收缩而产生裂纹，应设置分格缝，分格缝的纵横间距宜为3～6m，分格缝宽度宜为10～15mm。在大面砂浆防水层完成后，用相同的水泥防水砂浆将分割缝填充抹平；水泥防水砂浆在表干后应进行保湿养护，养护时间不宜小于168h。

3）选用单组分聚脲、水性橡胶沥青高分子复合防水涂料、聚合物水泥防水涂料、聚乙烯丙纶卷材等材料做防水层时，施工工艺应符合相应材料特点、设计要求和相关规范的规定。

（4）保护层。

1）水泥砂浆防水层不需要保护层，可直接做装饰层。

2）水泥基类防水涂料与环氧树脂材料防水层上可不做保护层，也可选用聚合物水泥砂浆做保护层。

3）选用单组分聚脲、水性橡胶沥青高分子复合防水涂料、聚合物水泥防水涂料、聚乙烯丙纶卷材等材料做防水层时，应设置钢筋混凝土内衬保护墙，墙体结构与内衬保护墙应设置连接钢筋，内衬保护墙应有专项设计。

5. 质量要求：

（1）防水等级及防水标准不得低于原设计要求；

（2）选用的防水、堵漏材料及配套材料应符合设计要求和相关标准的规定；

（3）防水堵漏施工工艺应符合设计要求和相关标准的规定；

（4）侧墙防水保护层应符合工程特点；

（5）凡经修缮后侧墙防水标准应符合相应防水等级的规定。

3.1.6 底板渗漏修缮技术

3.1.6.1 在室外修缮

1. 地下防水工程底板渗漏，主要在背水面堵漏，室外修缮只是辅助措施。

2. 建筑周围排水不畅，存在积水现象时，应在室外采取修缮措施，使积水顺畅排走。

3. 地下工程侧墙卷材防水层出地面收头存在固定不牢、密封不严、张口缺陷时，造成向防水层内灌水，应在室外采取修缮措施，对防水层收头进行固定与密封处理。

3.1.6.2 背水面修缮

解决地下工程底板渗漏，主要在室内背水面采取修缮措施，地下防水工程底板渗漏背水面修缮基本方法：

1. 地面清理。

（1）底板渗漏应在底板结构部位修缮，应清除底板渗漏部位装修层、找平层、填充层、房心土等各构造层次；

（2）清除底板渗漏积水；

（3）底板渗漏严重、水压较大，需要排水时，应采取临时排水、降水措施，解除或减轻水的压力。

2. 基础灌浆。

底板渗漏出现涌水、渗漏水中带泥沙现象时，说明底板基础存在不实、空虚和洞穴的问题，应先采用水泥—水玻璃灌浆材料注入土层中，通过化学反应，生成固结体，起到挤密和充填作用，使土层孔隙内的部分或大部分水和空气排出，加快土层的固结稳定，形成坚强持力层，提高地基承载力，然后再根据工程实际情况，灌注水泥浆和超细水泥浆料进一步进行基础加固。

3. 化学灌浆堵漏与结构补强。

（1）快速堵漏止水可选用聚氨酯、丙烯酸盐、水泥—水玻璃等注浆材料；结构补强可选用高渗透改性环氧树脂浆液、超细水泥浆料、水泥基渗透结晶型等材料。

（2）底板渗漏程度较轻，应侧重在底板结构内采用水泥—水玻璃等材料注浆止水后，再选用高渗透改性环氧树脂浆液、超细水泥浆料、水泥基渗透结晶型等材料对结构进行注浆，堵塞混凝土毛细孔、缝隙和渗漏通道。

（3）采用预铺法防水构造渗漏严重的底板，可将丙烯酸盐浆料灌注至底板防水层迎水面，形成防水帷幕；再选用高渗透改性环氧树脂浆液、超细水泥浆料、水泥基渗透结晶型防水材料等对结构进行注浆，堵塞混凝土毛细孔、缝隙等渗漏通道及对混凝土进行补强。

（4）防水层上设置细石混凝土保护层的底板渗漏严重时，可将丙烯酸盐浆料灌注至底板防水层与结构板之间，在防水层与结构底板之间形成一道新的防水屏障，有效阻挡渗漏水进入混凝土结构；再选用高渗透改性环氧树脂浆液、超细水泥浆料、水泥基渗透结晶型等材料对结构进行注浆，堵塞混凝土毛细孔、缝隙等渗漏通道及对混凝土进行补强。

（5）化学灌浆施工技术见本教材 3.1.5.2 条侧墙渗漏背水面修缮相应内容。

4. 刚性材料堵漏。

化学灌浆堵漏、防水与结构补强后，应选用防渗抗裂、凝结速度可调、与基层粘结力强、潮湿基层可以作业的水泥基渗透结晶型防水涂料、高分子益胶泥、水不漏、堵漏灵、防水宝等刚性材料，对底板混凝土结构表面缝隙、不密实的缺陷现象进行修补处理，其施工技术见本教材侧墙渗漏修缮相应内容。

5. 底板变形缝、后浇带等细部构造渗漏修缮与底板背水面结构表面防水施工技术，见本教材 3.1.5.2 条侧墙渗漏背水面修缮相应内容。

6. 底板面层防水处理的材料选用及施工工艺见本教材 3.1.5.2 条侧墙背水面修缮相应内容。

7. 保护层。

（1）水泥砂浆防水层不需要保护层，可直接铺贴石材、地砖、混凝土等地面装饰层。

（2）水泥基类防水涂料与环氧树脂涂料防水层上可选用水泥砂浆、细石混凝土做保护层。

（3）柔性防水层的保护层做法应有专项设计，基本要求：

1）柔性防水材料的防水层，应设置钢筋混凝土保护层，钢筋混凝土保护层与底板结构应采用钢筋拉接，与四周墙体植筋连接；

2）原设置叠合层地面，可与钢筋混凝土保护层结合设计。

8. 地面其他相关层次恢复按原设计要求。

9. 设置叠合层底板渗漏修缮技术：

（1）不拆除叠合层的修缮方案。

叠合层未出现拱起、与底板没有剥离现象，可以不拆除叠合层，先采用化学注浆方法使结构底板为无渗漏现象，然后在叠合层上钻孔至结构底板表面，采用高渗透改性环氧树脂材料注浆，在结构底板表面与叠合层之间有一道高渗透改性环氧树脂浆料层，堵塞结构底板表面与叠合层之间的缝隙，同时由于高渗透改性环氧树脂浆料的特性，使结构底板与叠合层紧密、牢固地粘结在一起，既防水又补强。

（2）拆除叠合层的修缮方案。

叠合层出现拱起、大量空鼓、与底板出现分离现象，应拆除叠合层，在底板上采用化学注浆、刚性材料堵漏、面层防水等措施，使结构底板无渗漏现象，经检查验收合格后，按原设计要求恢复叠合层。

10. 质量要求：

（1）防水等级及防水标准不得低于原设计要求；

（2）选用的防水、堵漏材料及配套材料应符合设计要求和相关标准的规定；

（3）防水堵漏施工工艺应符合设计要求和相关标准的规定；

（4）防水保护层应符合工程使用要求，柔性防水层的保护层应有专项设计；

（5）修缮后底板防水标准应符合相应防水等级的规定。

3.1.7　电梯井、集水井渗漏水修缮技术

3.1.7.1　局部、零星渗漏修缮

1. 采用钻孔灌注丙烯酸盐浆液至饱和状态。

2. 渗漏部位面层清理至结构面，剔除疏松、有缺陷的混凝土，采用聚合物水泥砂浆或内掺水泥基渗透结晶型防水剂水泥砂浆、高分子益胶泥等刚性材料嵌填平整、密实，施工方法见本教材侧墙渗漏背水面修缮相应内容。

3. 结构裂缝渗漏时，应沿裂缝切割、剔凿成 20mm 宽、30mm 深的凹槽，采用聚合物水泥防水砂浆或水泥基渗透结晶型防水材料、高分子益胶泥等刚性材料嵌填平整、密实，施工方法见本教材侧墙渗漏背水面修缮相应内容。

3.1.7.2　整体修缮

1. 基面处理：

（1）清除基坑内积水、泥污、垃圾；

（2）清除面层至结构面；

（3）剔除疏松、不密实的混凝土；

（4）沿预埋件周围及渗漏裂缝处切割、剔凿成 20mm 宽、30mm 深的凹槽。

2. 正在渗漏部位采用钻孔灌注丙烯酸盐浆液至饱和状态。

3. 有缺陷的混凝土剔除部位，采用聚合物水泥砂浆或水泥基渗透结晶型防水材料、高分子益胶泥等刚性材料嵌填平整、密实，施工方法见本教材侧墙渗漏背水面修缮相应内容。

4. 预埋件周围及渗漏裂缝处切割、剔凿的凹槽，应采用聚合物水泥砂浆或水泥基渗透结晶型防水材料、高分子益胶泥等刚性材料嵌填平整、密实，施工方法见本教材侧墙渗漏背水面修缮相应内容。

5. 井壁分两遍铺抹 20mm 厚纤维聚合物水泥防水砂浆、井底浇筑 50mm 厚纤维聚合物水泥细石混凝土做防水层兼保护层。

3.1.7.3　质量要求

1. 防水等级及防水标准不得低于原设计要求；

2. 选用的防水、堵漏材料及配套材料应符合设计要求和相关标准规定，电梯井使用的修缮材料应安全环保，在施工及使用中不得有挥发性异味；

3. 修缮后的电梯井、集水井应满足安全使用要求，不应有渗漏现象。

3.1.8　质量检查与验收

3.1.8.1　材料进场抽样复验

地下防水工程修缮用防水材料进场抽样复验应根据用量多少和工程的重要程度确定。同一品种、型号和规格的防水材料抽样复验批次应符合相关标准规定；重要的、特殊的地下防水工程修缮所用防水材料的复验，可不受材料品种和用量的限定。

3.1.8.2　工程质量检验批量应符合规定

1. 地下防水工程大面积修缮，按防水面积每 100㎡ 抽查一处，不足 100㎡ 按 100㎡ 计，每处 10㎡，且不得少于 3 处；

2. 地下防水工程局部修复，应全数进行检查；

3. 细部构造防水修复，应全数进行检查。

3.1.8.3 地下防水工程修缮质量验收应提供资料

1. 渗漏查勘报告；

2. 修缮治理方案及施工洽商变更；

3. 施工方案、技术交底；

4. 防水材料的质量证明资料；

5. 隐检记录；

6. 施工专业队伍的相关资料。

3.1.8.4 地下防水工程修缮质量应符合下列规定

1. 防水主材及配套材料应符合修缮渗漏治理方案设计要求，性能指标应符合相关标准的规定。

检验方法：检查出厂合格证、质量检验报告和现场见证抽样复验报告。

2. 修缮部位防水标准应符合相应防水等级规定和修缮方案中的质量要求。

检验方法：观察检查、检查隐蔽工程资料、仪器检测、雨后观察检查等。

3. 防水构造应符合修缮方案设计要求。

检验方法：观察检查和检查隐蔽工程验收记录。

4. 地下防水工程修缮其他质量应符合修缮设计方案要求和我国现行地下工程相关标准的规定。

检验方法：观察检查和检查隐蔽工程验收记录。

 思考题

    1. 地下工程渗漏迎水面修缮应具备的条件是什么？
    2. 地下工程渗漏背水面排水有哪些注意事项？
    3. 地下工程渗漏刚性材料堵漏施工工艺是什么？
    4. 地下工程注浆堵漏施工工艺和注意事项有哪些？

3.2 屋面防水工程修缮技术

3.2.1 屋面防水工程修缮基本原则

1. 应遵循"因地制宜、按需选材、复合增强、综合治理"的原则，以迎水面修缮为主，采取防、排结合的修缮措施。

2. 屋面防水工程局部渗漏宜采用局部修复的措施；如发生大面积渗漏，局部修复不能满足房屋正常使用、建筑物结构安全与使用寿命时，应采取整体翻修的治理措施。

3. 屋面防水工程修缮应尽量减少对具有防水功能的原有防水层的破坏，尽量减少渣土的产生和对环境的污染。

4. 屋面防水工程修缮不得损害原建筑结构安全，不得影响使用功能。

3.2.2 屋面防水工程修缮基本程序

3.2.2.1 现场查勘

1. 现场查勘主要内容：

（1）屋面类型、防水构造、保护层现状；

（2）渗漏部位、渗漏程度、渗漏水的变化规律；

（3）防水层现状；

（4）工程所在区域周围环境、使用条件、气候变化及自然灾害对屋面防水工程的影响。

2. 现场查勘重点：

（1）屋面渗漏点较为普遍、渗漏程度较为严重时，应查勘防水层质量，包括防水构造、防水材料、防水施工质量等。

（2）在大面防水层完好、无破损、无老化的情况下，查找的重点应为细部构造，包括：

1）管根、墙根、通风口根部、设备基座根部等泛水部位；

2）防水层收头部位；

3）防水卷材搭接缝、变形缝部位；

4）水落口、反梁过水孔部位；

5）天沟、檐沟部位；

6）女儿墙、山墙、高低跨墙等部位。

（3）渗漏水对保温层的影响。

（4）上人屋面还应检查保护层材料与做法、施工质量、现在状况及缺陷对防水层的影响程度。

（5）查勘屋面排水坡度和排水系统状况。

3. 现场查勘基本方法：

（1）背水面主要查勘渗漏部位、渗漏影响范围、渗漏程度；

（2）迎水面主要查勘屋面防水工程现状，查找缺陷部位；

（3）迎水面查找范围应大于背水面渗漏范围；

（4）根据工程渗漏的不同情况，可采用观察、测量、仪器探测、微损检测等方法查勘，必要时可通过淋水、蓄水或在雨后观察的方法查勘。

3.2.2.2 查阅资料

1. 设计资料，包括：防水设计及设计变更，屋面防水等级，屋面构造层次，防水设防措施与细部构造，排水系统设计等。

2. 屋面工程使用的防水材料及质量证明资料。

3. 防水施工组织设计、施工方案、技术措施、技术交底等技术资料。

4. 防水工程施工中间检查记录、质量检验资料和验收资料等。

5. 屋面防水工程维修记录，包括维修范围、维修方法、使用材料、维修效果等。

3.2.2.3 分析渗漏原因

1. 防水层自然老化对渗漏的影响。

2. 不可抗拒因素对防水体系的影响。

3. 防水设计、材料选用、施工技术、维护管理等方面缺陷造成对工程渗漏的影响。

3.2.2.4　编制修缮方案

1. 修缮方案编制依据：

(1) 屋面防水工程相关技术规范和验收规范；

(2) 现场查勘资料、查阅资料与渗漏原因分析；

(3) 工程特点与使用要求；

(4) 现场环境与施工条件。

2. 屋面防水工程修缮方案类型：

(1) 局部修缮方案：屋面女儿墙、水落口、管根、设施基座、檐口、天沟、檐沟、变形缝等细部构造部位局部渗漏，宜采用局部修复方案。

(2) 整体翻修方案：渗漏点较为普遍、渗漏程度较为严重的屋面，应采用整体翻修方案。

3. 屋面防水工程修缮方案主要内容：

(1) 渗漏治理类型；

(2) 防水构造及找平、找坡、保温、保护等相关构造层次；

(3) 排水系统；

(4) 材料要求；

(5) 施工技术要点；

(6) 质量要求；

(7) 安全注意事项与环保措施等。

4. 屋面防水工程修缮选用材料要求：

(1) 屋面防水工程修缮选用防水材料应遵循因地制宜、按需选材的原则。

(2) 选用的防水、密封材料及与防水层相关的找平层、隔离层、保温层、保护层材料，应与工程的原设计相匹配，符合防水等级规定，满足使用要求，适应施工环境条件和具备工艺的可操作性。

(3) 局部维修时选用的防水材料与原防水层材料应具有相容性；多种材料复合使用时，相邻材料之间应具有相容性。

(4) 整体翻修时，外露防水层应选用耐紫外线、热老化、耐酸雨、耐穿刺性能优良的防水材料；上人屋面、蓄水屋面、种植屋面、倒置式屋面防水层应选用耐腐蚀、耐霉烂、耐穿刺性能优良、拉伸强度和接缝密封保证率高的防水材料；轻体结构、钢结构等大跨度建筑屋面，应选用自重轻和耐热性、适应变形能力优良的防水材料；屋面接缝密封防水，应选用与基层粘结力强、耐高低温性能优良，并有一定适应位移能力的密封材料。

(5) 用于屋面防水工程修缮的防水、密封材料应有出厂合格证、技术性能检测报告和相关质量证明资料，材料的技术性能指标应符合国家相关标准的规定；必要时进入现场的防水、密封材料应进行见证抽样复验，复验合格后方可用于工程。

3.2.2.5　修缮施工

1. 施工准备。

(1) 技术准备。

1）编制防水渗漏修缮方案或施工方案，提出细部构造与技术要求，经相关方面审核后实施。

2）对施工管理人员、操作人员进行安全和技术交底。

3）屋面防水工程修缮施工现场应具备下列基本条件：

① 防水基层应经验收合格；

② 与防水修缮相关的穿透防水层的管道、设施和预埋件等，应在防水修缮施工前安装完成；

③ 对易受施工影响的作业区域应进行遮挡与防护；

④ 作业区域应有可靠的安全防护措施，施工人员应备有安全防护服装和设备；

⑤ 施工环境温度宜为 5～35℃，不得在雨雪天、四级风以上天气进行露天作业，冬期施工时应采取保温措施。

（2）材料准备。

根据修缮方案确定的材料、施工顺序和工期进度安排，有计划地准备材料。防水材料及配套材料进场后，应检查产品的品种、型号、规格、产品合格证、出厂检测报告等相关资料，对主要防水材料应根据用量多少和工程重要程度，与有关方面商定是否需要进行现场见证取样复验，不合格产品不得用于屋面修缮工程。

（3）机具准备。

屋面修缮施工机具应根据实际施工需要准备，主要包括：拆除、清理工具，抹灰、找平机具，防水、密封施工机具，吊装机械及运输车辆等。

（4）人员准备。

屋面防水工程修缮应由专业的防水队伍承担，操作人员应经过专业培训后上岗。屋面工程修缮施工所需用人员应根据工程量和施工内容确定，大面积翻修或工程量较大的屋面渗漏治理人员准备应包括：项目负责人，技术负责人，质量负责人，经过培训的专业施工人员，安全负责人等。

2. 施工基本程序。

（1）屋面工程局部渗漏修缮施工基本程序：

1）拆除渗漏部位的覆盖层至原防水层，拆除破损的、已老化失效的防水层，拆除、切割范围从渗漏区域分水岭向外延伸不宜小于 500mm；

2）拆除部位的基面处理与验收；

3）拆除部位防水层修补施工；

4）渗漏治理部位经雨后或蓄水、淋水检验，不渗漏时再依次恢复相关构造层。

（2）屋面渗漏整体翻修施工基本程序，应根据工程的实际情况确定，并应符合现行国家标准《屋面工程技术规范》GB 50345、现行行业标准《房屋渗漏修缮技术规程》JGJ/T 53 的相关规定。

（3）保护层施工。

1）屋面防水层局部修复时，防水层的保护层应与原设计协调。

2）整体翻修的屋面保护层做法应符合现行国家标准《屋面工程技术规范》GB 50345 的相关规定。

3.2.3 整体修缮

3.2.3.1 卷材屋面

1. 原卷材防水层已严重老化，大量开裂、空鼓，基本不具有防水功能，局部修复不能完全解决屋面渗漏时，应进行整体修缮。

2. 高分子防水卷材屋面渗漏整体修缮方案：

（1）不上人屋面。

1）应整体拆除高分子卷材防水层。

2）对防水基层进行检查，防水基层存在严重开裂、酥松时，应铲除防水基层，重新按原设计要求做防水基层；如防水基层局部存在缺陷，可采用聚合物水泥砂浆局部修补，使其符合防水层施工条件。

3）对保温层进行检查，如保温层浸水严重，不具备设计要求的保温功能，应对保温层进行整体翻修，拆除原保温层，重新施作新的保温层；如保温层局部存在缺陷，可采用与原保温层相同或相似的保温材料进行局部修补的方法处理。

4）按现行国家标准《屋面工程技术规范》GB 50345 的规定，选用防水材料和保护层材料，并进行相应施工。

（2）上人屋面。

1）屋面原来高分子卷材防水层不具有保留价值、不拆除易引起窜水时，应拆除防水层及防水层以上的构造层。对防水基层、保温层进行检查与处理后，重新施作防水层及恢复相关构造层做法。

2）防水层采用细石混凝土或水泥砖保护层的屋面，不拆除保护层的整体翻修方案：

① 不拆除保护层的前提条件：

（a）屋面荷载允许；

（b）保温层不需要翻修；

（c）保护层基本完好，局部修补处理后可作为防水层的基层。

② 基本方案：

（a）保护层表面清理干净；

（b）保护层局部缺陷采用聚合物水泥砂浆修补密实、平整；

（c）修补处理后的保护层作防水基层，再按国家现行标准《屋面工程技术规范》GB 50345 和《单层防水卷材屋面工程技术规程》JGJ/T 316 的相关规定进行选材与施工。

3. 改性沥青类卷材防水层屋面渗漏整体修缮方案：

（1）不上人屋面。

1）改性沥青类卷材防水层仍具备一定防水功能时，宜保留原防水层，面层采用相容防水涂料作界面处理后，作为新防水层的防水增强层，再按现行国家标准《屋面工程技术规范》GB 50345 的规定选用防水材料和保护层材料，并进行相应施工；其中采用喷涂橡胶沥青涂料、水性橡胶高分子复合防水涂料、现制水性橡胶高分子复合防水卷材、高聚物改性沥青卷材与非固化橡胶沥青涂料复合等防水层是较佳的选择。

2）如根据原防水层现状，保留原防水层不能起到增强防水作用时，原防水层应予拆除。对防水基层处理后，按现行国家标准《屋面工程技术规范》GB 50345 的规定和工程特点选用防水材料，并进行相应施工。

（2）上人屋面。

改性沥青类卷材防水层上人屋面渗漏整体翻修方案，按本节 2. 高分子防水卷材屋面渗漏整体修缮方案中的（2）上人屋面中的相关要求进行修复。

3.2.3.2　涂料屋面

1. 涂料防水层已严重老化、空鼓、破损、开裂，基本不具有防水功能，局部修复不能完全解决屋面渗漏时，应进行整体修缮。

2. 涂料防水层不上人屋面渗漏整体修缮方案：

（1）应全部铲除涂料防水层。

（2）对防水基层、保温层检查与处理见本章节第 3.2.3.1 条的相应做法。

（3）按现行国家标准《屋面工程技术规范》GB 50345 的规定，选用防水材料和保护层材料，并进行相应施工。

3. 涂料防水层上人屋面渗漏整体修缮方案：

（1）屋面原来涂料防水层不具有保留价值、不拆除易引起窜水时，应拆除防水层及防水层以上的构造层。对防水基层、保温层进行检查与处理、重新施作防水层及恢复相关构造层做法，按本节第 3.2.3.1 相应做法。

（2）涂料防水层采用细石混凝土或水泥砖保护层的屋面，在屋面荷载允许、保温层不需要翻修、保护层局部修补处理后可作为防水层的基层时，可采用不拆除保护层的整体修缮方案。

1）保护层表面清理干净；

2）保护层局部缺陷采用聚合物水泥砂浆修补密实、平整；

3）按现行国家标准《屋面工程技术规范》GB 50345 的相关规定选用防水材料和保护层材料，并进行相应施工。其中喷涂橡胶沥青涂料、水性橡胶高分子复合防水涂料、聚合物水泥防水涂料、现制水性橡胶高分子复合防水卷材等防水材料是新防水层较佳的选择。

3.2.3.3　瓦屋面

1. 油毡瓦屋面渗漏整体修缮方案：

（1）应拆除屋面油毡瓦、防水垫层至防水基层。

（2）对防水基层进行检查与修补，使其符合坚实、平整、干净、干燥的要求。

（3）采用质量符合现行国家相关标准规定、规格尺寸及外观与原设计相同或相协调的油毡瓦，重新铺设防水垫层与油毡瓦。

2. 烧结瓦、水泥瓦屋面渗漏整体修缮方案：

（1）应拆除屋面块瓦至原防水层或防水垫层。

（2）原防水层为涂膜防水层时，应将破损、失效的涂膜防水层铲除，表面清理干净，重新采用相容防水材料做防水层或防水垫层。

（3）原防水层或防水垫层为卷材防水层时，应将老化、破损卷材拆除，基面清理干净，重新采用相容防水材料做防水层或防水垫层，新做防水层施工技术应符合相关规范的规定。

（4）细部构造应进行增强处理，屋面应形成完整、闭合的防水体系。

（5）烧结瓦、水泥瓦局部更换时，其规格尺寸、外观应与屋面原来采用的块瓦相同；烧结瓦、水泥瓦整体更换时，应与原设计协调，符合相关标准的规定。

3.2.3.4　金属彩钢板坡屋面

1. 金属彩钢板坡屋面渗漏严重，局部修复不能满足使用要求时，应予整体修缮，更换彩钢板和防水垫层。

2. 不更换彩钢板整体修缮方案：

（1）彩钢板基面应进行除锈和防腐处理，并清理干净。

（2）面层选用涂料防水层时，应选用耐紫外线老化、耐候的、可外露的防水涂料，如聚合物水泥防水涂料、单组分聚脲等，厚度应符合相应材料的标准规定，防水层内应夹铺胎体增强材料。

（3）面层选用卷材做防水层时，彩钢板上采用挤塑聚苯板找平，选用可 TPO、PVC 等焊接的高分子防水卷材整体覆盖，机械固定，搭接缝采用热风焊接法施工。

（4）屋面应形成完整、闭合的防水体系，细部构造应进行增强防水处理，新做防水层施工技术应符合相关标准的规定，屋面外观应与原设计及周围环境协调。

3.2.4　局部修复

3.2.4.1　女儿墙部位渗漏水的修复

1. 混凝土压顶低女儿墙未作整体防水构造造成的渗漏，应采用与原防水层相容的防水涂料或防水卷材，将原防水层延伸至压顶下固定、密封，新旧防水层应顺槎搭接，搭接宽度不应小于 100mm，防水层厚度应符合相关标准的规定；压顶内侧应设置鹰嘴或滴水槽（图 3.2-1）。

2. 金属盖板压顶低女儿墙未作整体防水构造造成的渗漏，应拆除金属盖板，采用与原防水层相容材料将防水层延伸至压顶顶部平面外缘，经检查验收合格后恢复金属盖板。

3. 无压顶低女儿墙未作整体防水构造造成的渗漏，应采用与原防水层相容防水材料将女儿墙作全包防水处理，防水层收头在女儿墙顶部平面的外缘并固定、密封（图 3.2-2）。

4. 高女儿墙泛水上部墙体未作整体防水处理造成的渗漏，应对泛水上部墙体作整体防水处理（图 3.2-3）。

（1）防水材料宜选用防水涂料、防水兼装饰功能的外墙涂料、聚合物水泥防水砂浆等；

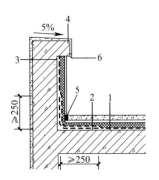

图 3.2-1　混凝土压顶低女儿墙

1—防水层；2—附加层；
3—防水层收头；4—压顶；
5—嵌缝材料；6—鹰嘴

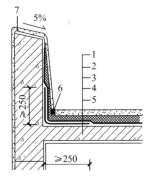

图 3.2-2　无压顶低女儿墙

1—保护层；2—保温层；3—防水层；
4—附加层；5—结构层；
6—嵌缝材料；7—防水层收头

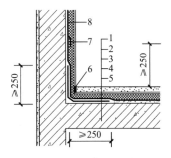

图 3.2-3　高女儿墙

1—保护层；2—保温层；3—防水层；
4—附加层；5—结构层；6—嵌缝材料；
7—防水层收头；8—墙体防水层

（2）防水层厚度应符合相应标准的规定，新旧防水层搭接宽度不应小于100mm；

（3）新防水层与屋面原防水层不相容时，搭接部位应采用与新旧防水层均相容的双面粘丁基橡胶密封胶带进行粘结密封处理；

（4）保护层应选用与建筑整体外观协调的相应材料。

5. 防水层设置在女儿墙保温层上造成的渗漏，应拆除女儿墙保温层以上的构造层，将防水层施作在女儿墙的结构层上或水泥砂浆找平层上，经检查验收合格后恢复保温层与保护层等原构造层。

3.2.4.2　水落口部位渗漏水的修复

1. 因直式水落口的防水层和附加层伸入水落口杯内造成的渗漏修复：

（1）将伸入水落口杯内原防水层与附加层切割、清除干净；

（2）水落口杯周围剔凿成慢坡凹槽，清理干净后采用聚合物水泥砂浆修补光滑，修补后的凹槽深度不小于30mm；

（3）选用与原防水层相容的防水材料恢复切割的防水层，新旧防水层顺槎搭接，防水层收头应伸入凹槽与水落口杯相连接，并粘结牢固；

（4）凹槽采用与防水层相容的耐水、耐候的密封材料嵌填密实、平整、光滑（图3.2-4）。

2. 因横式水落口安装突出女儿墙墙体、使汇水不能顺畅排走造成的渗漏修复：

（1）将横式水落口拆除，重新按规范规定嵌入女儿墙安装；

（2）水落口周围留置凹槽，并剔凿成慢坡，清理干净后采用聚合物水泥砂浆修补光滑，修补后的凹槽深度不小于30mm；

（3）选用与原防水层相容的防水材料恢复切割的防水层，新旧防水层顺槎搭接，防水层收头应伸入凹槽与水落口杯相连接，并粘结牢固；

（4）凹槽采用与防水层相容的耐水、耐候的密封材料嵌填密实、平整、光滑（图3.2-5）。

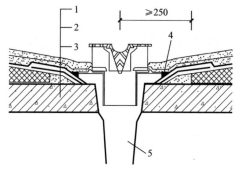

图3.2-4　直式水落口防水构造
1—保护层；2—防水层；
3—附加层；4—密封材料；5—落水口

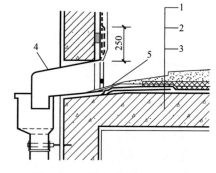

图3.2-5　横式水落口防水构造
1—保护层；2—防水层；
3—附加层；4—落水口；5—密封材料

3. 水落口处排水坡度不正确、积水造成的渗漏修复：

（1）将积水部位相关构造层拆除，清理至防水基层；

（2）向水落口找坡、找平，水落口周围500mm范围内的坡度不应小于5%；

（3）再按原设计要求恢复切割的防水层，嵌填密封材料和恢复保护层。

3.2.4.3　檐沟、天沟部位渗漏水的修复

1. 因檐沟排水坡度不正确造成的渗漏，应将积水部位拆除、清理防水基层，宜选用

聚合物水泥砂浆找坡，坡度不应小于 1%，然后按原设计恢复拆除的防水层。

2. 因天沟、檐沟防水层缺陷造成的渗漏，应将有缺陷部位清理干净，并选用与原防水层相同或相容的防水材料修补，新旧防水层搭接宽度不应小于 100mm。

3. 天沟、檐沟的防水层因与屋面防水层未连接、闭合造成的渗漏，应选用与原防水层相同或相容的防水材料进行修复，天沟、檐沟的防水层应与屋面防水层顺槎搭接，形成连续的防水整体。

3.2.4.4　管根部位渗漏水的修复

1. 管道卷材防水层收头未用金属箍固定、防水层出现张口现象造成的渗漏，应将张口部位清理干净，用相容的密封材料嵌填到缝口内。防水层的收头应用金属箍箍紧，并在金属箍上沿涂刷相容的防水涂料或密封材料封闭严密。

2. 管根防水层出现空鼓、破损现象造成的渗漏，应将空鼓、破损的防水层拆除至防水基层并清理干净，涂刷相容的基层处理剂，采用与屋面防水层材料相同或相容的防水材料恢复防水层，管根防水层与屋面防水层应顺槎搭接，搭接宽度应不小于 100mm。管道上采用卷材做防水层时，收头部位应用金属箍箍紧，并用与其相容的密封材料封闭严密；管道上采用防水涂料时应夹铺胎体材料作增强处理，收头部位应用铅丝绑扎固定，再用防水涂料封严。

3.2.4.5　变形缝部位渗漏水的修复

1. 等高变形缝两侧挡墙上防水层破损造成的渗漏，应采用与原防水层相同或相容的防水材料修补。

2. 变形缝防水层和密封材料已经老化、失去防水功能造成的渗漏，修复的基本方法：

（1）拆除变形缝上压顶盖板、原防水层和原密封材料；

（2）检查缝内填充材料，填放聚乙烯发泡体背衬材料；

（3）缝口嵌填聚氨酯或聚硫密封胶等密封材料，密封材料厚度应为变形缝宽度的 0.5～0.7 倍；

（4）缝上覆盖延伸性好、可焊接的高分子防水卷材，卷材与两侧挡墙粘结，凹进缝内 20mm 左右，凹槽内填放聚乙烯泡沫棒衬垫；上面再用一层与上述相同的卷材封盖，卷材两侧与屋面防水层顺槎搭接。当新做高分子卷材防水层与屋面原防水层不相容时，搭接部位应采用双面粘丁基橡胶防水密封胶带进行粘结密封处理（图 3.2-6、图 3.2-7）；

（5）恢复压顶盖板。

3.2.4.6　屋面泛水部位渗漏水的修复

1. 防水层未施作在泛水结构层或水泥砂浆保护层上造成的渗漏，应拆除泛水部位相应的构造层至结构面层，将防水层设置在泛水结构层或水泥砂浆找平层上，再按原设计恢复拆除的构造层。

2. 卷材防水层收头固定不牢、密封不严、卷材张口等缺陷造成的渗漏，应将卷材防水层的收头部位清理干净，卷材防水层收头处应用相容的胶粘剂粘贴牢固并用金属压条钉压固定，压条的上部应用相容的密封材料封闭严密。

3. 泛水防水层空鼓、破损等缺陷造成的渗漏，应将空鼓、破损的防水层拆除，基层清理干净，涂刷相容基层处理剂，采用与屋面原防水层相同或相容的防水材料修补，修补范围外延不应小于 200mm。

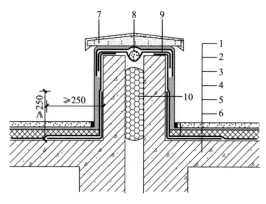

图 3.2-6 等高变形缝
1—保护层；2—保温层；3—防水层；4—附加层；
5—找平（坡）层；6—结构层；7—混凝土盖板；
8—衬垫材料；9—封盖卷材；10—不燃保温材料

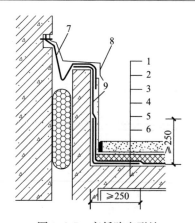

图 3.2-7 高低跨变形缝
1—保护层；2—保温层；3—防水层；4—附加层；
5—找平（坡）层；6—结构层；7—封盖卷材；
8—金属盖板；9—不燃保温材料

3.2.4.7 设施基座部位渗漏水的修复

1. 与结构连接的设施基座未做全包防水构造发生的渗漏，应将未做防水部位清理干净，涂刷与屋面防水层相容的基层处理剂，采用与屋面原防水层相容的防水材料做防水层，全包裹设施基座，并与屋面防水层顺槎搭接，形成闭合的防水构造，搭接宽度不应小于 100mm，防水层上应做保护层（图 3.2-8）。

2. 在防水层上放置设施基座的部位发生渗漏时，应选用与屋面防水层相容的防水涂料全包裹在设施基座上，并与屋面防水层顺槎搭接，形成闭合的防水构造，防水层上应做保护层（图 3.2-9）。

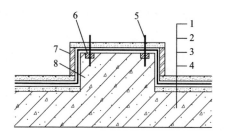

图 3.2-8 设施基座与结构层相连防水构造
1—保护层；2—新防水层；3—找平层；
4—混凝土结构；5—地脚螺栓；6—密封材料；
7—基座侧面保护层；8—设施基座

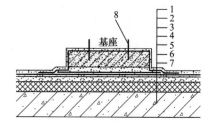

图 3.2-9 设施基座设置于防水层上
1—保护层；2—新防水层；3—附加层；
4—原防水层；5—找平层；6—保温层；
7—混凝土结构；8—地脚螺栓

3.2.4.8 出入口保温部位渗漏水的修复

1. 垂直出入口部位渗漏修复，应拆除原保护层和防水层，修补基层后再用与原防水层相同或相容的防水材料修复，防水层应顺槎搭接，按原设计要求恢复保护层（图 3.2-10）。

2. 水平出入口部位渗漏，宜选用延伸性好、可焊接的高分子防水卷材维修，并与屋面防水层顺槎搭接形成闭合的防水构造（图 3.2-11）。

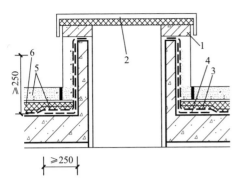
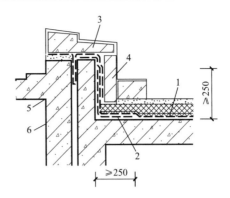

图 3.2-10 垂直出入口防水构造

1—混凝土压顶圈；2—上人孔盖；3—防水层；

4—附加层；5—保护层；6—保温层

图 3.2-11 水平出入口防水构造

1—防水层；2—附加层；3—踏步；4—护墙；

5—防水卷材封盖；6—不燃保温材料

3.2.4.9 檐口部位渗漏水的修复

1. 因檐口外侧下端未设置滴水构造造成的渗漏，应按规范要求设置鹰嘴或滴水槽（图 3.2-12、图 3.2-13）。

2. 因防水层未做至檐口外缘造成的渗漏，应选用与屋面原防水层相容的防水涂料将防水层延伸至檐口外缘粘牢封严。

3. 因檐口防水层收头粘结不牢、密封不严造成的渗漏，应将缺陷部位清理干净，选用与屋面原防水层相容的防水涂料或密封材料将防水层收头粘牢封严。

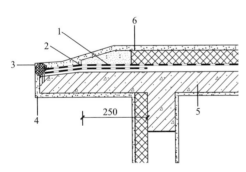
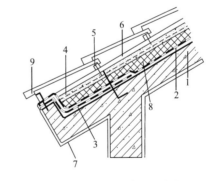

图 3.2-12 平屋面檐口防水构造

1—防水层；2—防水附加层；3—防水层收头；

4—滴水；5—结构层；6—保护层

图 3.2-13 坡屋面檐口防水构造

1—结构层；2—防水层；3—附加层；

4—持钉层；5—挂瓦条；6—顺水条；

7—泄水管；8—保温层；9—烧结瓦或混凝土瓦

3.2.4.10 坡屋面细部构造渗漏水局部修复

1. 坡屋面的屋脊部位，因脊瓦破损引起的渗漏，应采用与原设计相同的脊瓦更换；因脊瓦下防水层破损等缺陷引起的渗漏，应拆除脊瓦等构造层至原防水层，采用与原设计相容的防水卷材更换旧防水层，经验收合格后恢复脊瓦及相关构造层。

2. 天窗部位，因天窗泛水缺陷引起的渗漏，应按屋面泛水渗漏修复方法处理；因天窗周围密封缺陷引起的渗漏，应采用与屋面防水层相容的密封材料嵌填窗框和窗洞口之间的缝隙。

3. 有防水要求的烧结瓦或水泥瓦破损造成的渗漏，应采用与设计相同的瓦块更换。

4. 金属屋面搭接板缝渗漏，应将板缝表面清理、擦拭干净，选用与原屋面颜色相近的丁基橡胶密封胶粘带、高延伸涂料、密封材料单独或复合处理，防水层的宽度应根据缝的宽度确定，缝两侧延伸不得小于 30mm。

5. 檐沟、泛水、管根部位渗漏，应按平屋面相应部位渗漏修复措施处理。

3.2.4.11　卷材防水屋面局部渗漏修复

1. 拆除。

（1）需要修复部位的保护层和空鼓、破损的防水层；

（2）背水面渗漏点与迎水面防水层缺陷部位对应时，拆除缺陷部位保护层等构造层至防水层，拆除范围从渗漏点向周围延伸不小于 500mm；

（3）迎水面难以查找背水面渗漏点对应部位时，拆除范围应由渗漏点开始，由小到大逐步向周围扩展，防水层留槎宽度不应小于 150mm；

（4）拆除浸水失效的保温层。

2. 基面处理。

（1）将防水基面清理干净；

（2）防水基面有缺陷时，宜采用聚合物水泥砂浆等材料进行修补处理；屋面结构板缺陷可采用聚合物水泥砂浆或改性环氧树脂胶泥等材料进行修复；

（3）基面涂刷与新旧防水层相容的基层处理剂。

3. 防水层修复。

（1）选用与原防水层相同或相容的防水材料，防水层的厚度应符合相关标准的规定；

（2）施工工艺应符合选用的防水材料要求，新旧防水层应顺槎搭接，搭接宽度不应小于 150mm；

（3）修复的防水层经验收合格后，按原设计恢复相关构造层。

3.2.4.12　涂料防水屋面局部渗漏修复

涂料防水层局部渗漏，应选用与原防水层相同或相容的防水涂料修复，其他做法见本节第 3.2.4 条的相应内容。

3.2.4.13　保温层局部修复

1. 拆除屋面失去保温功能的保温层及相关构造层；

2. 将积存在保温层内的渗漏水清理干净并晾干；

3. 按原设计要求选用保温材料，施工工艺应符合选用的保温材料要求；

4. 按原设计要求恢复相关构造层次，防水层在淋水、蓄水或雨后观察，不得有渗漏现象；

5. 必要时，保温层维修区域宜设置排汽管，排汽管应设置至保温层下的基层上，并应形成互相联通的网络。

3.2.5　修缮质量检查与验收

3.2.5.1　材料进场抽样复验

屋面防水工程修缮用防水材料进场抽样复验应根据用量多少和工程的重要程度确定，重要的、特殊的屋面防水工程修缮所用防水材料的复验，可不受材料品种和用量的限定。

3.2.5.2 工程质量检验批量应符合规定

1. 屋面整体翻修，按屋面防水面积，每 100m² 抽查一处，不足 100m² 按 100m² 计，每处 10m²，且不得少于 3 处；
2. 屋面防水局部修复，应全数进行检查；
3. 接缝密封防水，每 50m 应抽查一处，不足 50m 按 50m 计，每处 5m，且不得少于 3 处；
4. 细部构造应全数进行检查。

3.2.5.3 屋面防水工程修缮质量验收应提供的资料

1. 渗漏查勘报告；
2. 修缮治理方案及施工洽商变更；
3. 施工方案、技术交底；
4. 防水材料的质量证明资料；
5. 隐检记录；
6. 施工专业队伍的相关资料及主要操作人员的上岗证书等。

3.2.5.4 屋面防水工程修缮质量应符合规定

1. 防水主材及配套材料应符合渗漏治理方案设计要求，性能指标应符合相关标准的规定。

检验方法：检查出厂合格证、质量检验报告和现场见证抽样复验报告。

2. 修缮部位不得有渗漏和积水现象。

检验方法：雨后或蓄水、淋水检验。

3. 防水构造应符合修缮方案设计要求。

检验方法：观察检查和检查隐蔽工程验收记录。

4. 屋面防水修缮工程其他质量应符合修缮设计方案要求和我国现行屋面有关标准的规定。

检验方法：观察检查和检查隐蔽工程验收记录。

思考题

1. 屋面工程渗漏背水面治理应具备什么条件？
2. 屋面工程渗漏整体翻修类型有哪些？
3. 屋面工程渗漏局部修缮选用材料有哪些注意事项？
4. 屋面工程渗漏整体翻修不拆除有哪些注意事项？

3.3 外墙防水工程修缮技术

3.3.1 外墙渗漏修缮基本原则与基本程序

3.3.1.1 外墙防水工程修缮基本原则

1. 以迎水面修缮为主；
2. 局部渗漏宜采用局部修复措施；如发生大面积渗漏时，应采取整体翻修的措施；
3. 局部修复时，外观应与原设计协调；
4. 修缮施工不得损害建筑结构安全。

3.3.1.2　外墙防水工程修缮基本程序

1. 现场查勘和查阅资料;
2. 分析渗漏原因;
3. 编制修缮方案;
4. 修缮施工;
5. 工程质量检查验收。

3.3.2　外墙渗漏查勘与资料查阅

3.3.2.1　现场查勘

1. 现场查勘宜包括以下内容:
(1) 外墙类型、构造、现状;
(2) 渗漏部位、渗漏程度、渗漏水的变化规律;
(3) 工程所在区域周围环境、使用条件、气候变化及自然灾害对外墙防水工程的影响。

2. 现场查勘宜采用以下基本方法:
(1) 背水面主要查勘渗漏部位、渗漏范围、渗漏程度,迎水面主要查找缺陷部位。
(2) 整体防水外墙出现较为普遍渗漏点及渗漏程度较为严重时,应查勘防水层质量,包括防水构造、防水材料、防水施工质量等。
(3) 无外保温外墙渗漏宜对应查勘,有外保温外墙大面积渗漏应从女儿墙开始查勘。
(4) 根据工程渗漏的不同情况,可采用观察、测量、仪器探测、微损检测检验等方法查勘,必要时可通过淋水或在雨后观察的方法查勘。

3.3.2.2　资料查阅宜包括内容

1. 外墙防水类型、外墙构造层次;
2. 防水材料及质量证明资料;
3. 防水技术资料、防水施工资料;
4. 外墙防水工程验收资料;
5. 渗漏维修资料。

3.3.3　外墙渗漏修缮方案编制

3.3.3.1　外墙渗漏修缮方案要求

外墙渗漏修缮应根据外墙构造、渗漏部位、渗漏程度、渗漏原因确定治理措施。编制的外墙防水工程修缮方案应具有针对性和可操作性,做到技术先进、质量可靠、施工安全、节能环保、经济合理。

3.3.3.2　修缮方案编制依据

1. 现场查勘与查阅的资料;
2. 渗漏原因;
3. 环境、气候特点;
4. 施工条件;
5. 相关技术标准。

3.3.3.3　外墙防水工程修缮方案类型

1. 局部修复方案：外墙门窗口、阳台和雨篷与墙体结合部、穿墙管洞、变形缝、预埋件、装配式外墙板板缝等细部构造防水密封存在缺陷，宜采用局部修复方案。

2. 整体翻修方案：渗漏点较为普遍、渗漏程度较为严重的外墙、有保温外墙大面积进水、水泥砂浆抹灰墙面开裂及空鼓严重等，应采用整体翻修方案。

3.3.3.4　外墙防水工程修缮方案宜包括内容

1. 渗漏治理类型；

2. 材料选用与性能要求；

3. 墙面相关构造层次；

4. 施工技术与质量要求；

5. 安全注意事项与环保措施等。

3.3.3.5　外墙防水工程渗漏修缮材料选用要求

1. 外墙防水工程渗漏修缮材料选用类型：

（1）防水材料。

外墙防水材料主要有聚合物水泥防水砂浆、高分子益胶泥、水性橡胶高分子复合防水涂料、聚合物水泥防水涂料、聚合物乳液防水涂料、聚氨酯防水涂料、防水透气膜等。

（2）密封材料。

主要有硅酮建筑密封胶、聚氨酯建筑密封胶、聚硫建筑密封胶、丙烯酸酯建筑密封胶等。

（3）配套材料。

主要有耐碱玻璃纤维网格布、界面处理剂、热镀锌电焊网、自粘丁基橡胶密封胶带等。

2. 局部维修时，选用的防水、密封材料及与防水层相关的材料，应与工程的原设计相匹配。

3. 选用的材料相邻间应具有相容性。

4. 选用的材料应适应施工环境条件和具备工艺的可操作性。

5. 用于外墙防水工程修缮的防水、密封材料应有出厂合格证、技术性能检测报告和相关质量证明资料，材料的技术性能指标应符合国家相关标准的规定；进入现场的防水、密封材料应按规定进行见证抽样复验，复验合格后方可用于工程。

3.3.4　施工

3.3.4.1　专业施工队伍要求

建筑外墙防水工程修缮，由于部位的特殊性，修缮施工有较大难度，具有很强的专业性，外墙防水修缮施工应由专业施工队伍承担，操作人员应经过专业培训后上岗。

3.3.4.2　技术准备

外墙防水工程修缮施工前应对修缮工程进行查勘，编制防水渗漏修缮施工方案，经相关方面审核后实施，方案实施前应向操作人员进行安全和技术交底。

3.3.4.3　外墙防水工程修缮施工现场应具备的基本条件

1. 施工现场应设置安全作业区，作业区域应有可靠的安全防护措施，施工人员应配备安全防护服装、设备；

2. 施工现场应做好设备、设施的保护，易污染部位应进行围挡与防护；

3. 施工环境温度宜为 5～35℃，雨天、雪天及四级风以上天气不得进行露天作业。

3.3.4.4 外墙防水工程修缮施工基本程序

1. 先对外墙门窗框周围、伸出外墙的管道、设备或预埋件、雨篷、挑板、板缝等细部进行施工，后进行大面施工；

2. 外墙面宜由上向下顺序修缮；

3. 先修缮外墙的迎水面，后修缮外墙的背水面。

3.3.4.5 施工工艺要求

外墙防水修缮施工工艺应符合选用的防水材料要求、修缮方案要求和相关标准的规定。

3.3.4.6 外墙装饰层恢复

1. 外墙装饰层应在外墙防水层完成、经验收合格后进行。

2. 局部修复时，外墙装饰层应与原设计相一致。

3. 整体翻修时，外墙装饰层应与原设计及周围环境协调。

3.3.4.7 施工过程质量控制

外墙防水修缮应严格施工过程质量控制和质量检查，应建立各道工序的自检、交接检和专职人员检查的"三检"制度，每道工序完成后应经监理单位（或建设单位）检查验收，合格后方可进行下道工序的施工。

3.3.5 外墙防水整体修缮

3.3.5.1 无外保温外墙渗漏时整体修缮

1. 涂料饰面外墙渗漏整体修缮。

（1）基面处理：

1）铲除破损、空鼓、剥离的涂料饰面层及相关构造层至防水基层；

2）采用高分子益胶泥或聚合物水泥防水砂浆等材料修补防水基层缺陷。

（2）防水层施工：

1）防水材料宜选用聚合物水泥防水涂料、丙烯酸防水涂料等防水涂料；

2）防水涂料应采用喷涂或滚涂、涂刷等方法施工；

3）涂层应涂布均匀，总厚度应符合设计要求和相关规范的规定。

（3）饰面涂料应与原设计和建筑周围环境相协调，宜选用具有防水和装饰功能的丙烯酸酯类外墙涂料，涂布均匀，色彩符合设计要求。

（4）外墙背水面装饰层因渗漏水造成的破坏，应根据原设计要求和工程现状进行修复。

2. 水泥防水砂浆墙面渗漏修缮。

（1）整体剔除墙面防水砂浆抹灰层修缮方法：

1）剔除墙面防水砂浆抹灰层并清理干净；

2）重新抹压水泥防水砂浆：

① 水泥防水砂浆可选用聚合物水泥防水砂浆、抗裂纤维水泥防水砂浆等；

② 基层洒水湿润、湿透；

③ 基层涂布结合层；

④ 水泥防水砂浆配合比应符合设计和产品说明书的要求，采用砂浆搅拌机搅拌均匀；

⑤ 在涂布结合层的基层上，随即抹压搅拌均匀的水泥防水砂浆；水泥防水砂浆应分遍铺抹完成，每遍铺抹厚度不宜大于 10mm；用抹子抹压时，应沿着一个方向，在压实的同时抹平整，一次成活；水泥防水砂浆层内夹铺钢丝网或耐碱玻纤网格布时，钢丝网或网格布应设置在水泥防水砂浆层的中间；水泥防水砂浆层要求抹压密实，与基层粘结牢固；

⑥ 水泥防水砂浆层达到硬化状态时，应进行洒水养护，养护时间不应小于 168h。

（2）局部剔除墙面水泥防水砂浆抹灰层修缮方法：

1）将空鼓、破损的水泥防水砂浆剔除至墙体结构面，裂缝的水泥防水砂浆采用切割机切割成 U 形槽；

2）剔凿、切割部位清理干净，洒水湿润湿透，涂刷水泥防水砂浆结合材料；

3）剔凿、切割部位抹压聚合物水泥防水砂浆，防水砂浆的类型、配比、搅拌、抹压、养护等见本条"（1）整体剔除墙面防水砂浆抹灰层修缮方法"中相应的要求。

（3）外墙背水面装饰层因渗漏水造成的破坏，应根据原设计要求和工程现状进行修复。

3. 砖混清水外墙渗漏修缮。

（1）保留砖混清水外墙原貌的修缮方法：

1）风化、剥落的砖块采用原砖更换；

2）砖缝应采用聚合物水泥砂浆或专用勾缝材料修补；

3）砖混清水外墙的顶端宜采用钢筋混凝土压顶，压顶两侧分别宽出墙体应不小于 80mm，压顶向内的排水坡度不应小于 5%，压顶内侧下端应做滴水处理。

4）采用有机硅树脂、单组分脂肪族聚氨酯等无色、透明、耐老化的防水涂料，喷涂在砖混清水外墙上，反复多次至饱和状态。

（2）如不需保留外墙原外观式样，可采用整体铺抹聚合物水泥防水砂浆的修缮方案。

（3）外墙背水面装饰层因渗漏水造成的破坏，应根据原设计要求和工程现状进行修复。

4. 瓷砖（包括石材、文化石等块体材料）饰面外墙渗漏修缮。

（1）铲除瓷砖饰面层的修缮技术：

1）瓷砖表面出现风化、剥离现象，或瓷砖粘贴不牢、大量空鼓，应铲除瓷砖及粘结层；

2）采用聚合物水泥防水砂浆对基面进行找平修补；

3）采用聚合物水泥防水砂浆或高分子益胶泥等作为防水层及瓷砖粘结层；

4）瓷砖缝采用高分子益胶泥或专用材料嵌填与勾缝密实。

（2）不铲除瓷砖饰面层修缮技术：

1）瓷砖粘贴牢固、无空鼓现象，表面无风化、无剥离现象，可以不铲除瓷砖层；

2）采用高分子益胶泥或专用材料对墙面瓷砖勾缝缺陷进行修补；

3）采用无色透明的有机硅树脂或单组分脂肪族聚氨酯等防水涂料对瓷砖外墙面作整体防水处理，涂布应均匀，覆盖完全，单位面积材料用量应符合设计要求。

（3）外墙背水面装饰层因渗漏水造成的破坏，应根据原设计要求和工程现状进行修复。

5. 幕墙（包括玻璃幕墙、石材幕墙、金属板幕墙）饰面渗漏修缮。

（1）拆除幕墙修缮技术：

1）拆除幕墙材料；

2）在主体墙面清理干净后，喷涂聚合物水泥防水涂料或聚合物乳液防水涂料、聚氨酯防水涂料等做防水层；

3）按原设计要求恢复或更换幕墙板材，并进行相应密封处理。

（2）不拆除幕墙修缮技术：

1）清除板材接缝材料；

2）拆除需要更换的幕墙板材；

3）按照相关规范规定和设计要求，对幕墙板缝彻底清理干净后，采用建筑幕墙用硅酮结构密封胶进行嵌填和密封处理；

4）幕墙压顶应做防水密封处理。

（3）外墙背水面装饰层因渗漏水造成的破坏，应根据原设计要求和工程现状进行修复。

3.3.5.2　有外保温外墙渗漏整体修缮

1. 涂料饰面。

（1）基面处理：

1）铲除破损、空鼓、剥离的涂料饰面与防水涂层，更换有缺陷的保温材料；

2）采用高分子益胶泥或聚合物水泥防水砂浆、纤维聚合物水泥砂浆等材料修补墙面缺陷。

（2）防水层施工：

1）防水材料宜选用聚合物水泥防水涂料、丙烯酸防水涂料、单组分白色脂肪族聚氨酯等防水材料；

2）采用喷涂或滚涂、涂刷等方法施工；

3）涂层厚度应均匀，总厚度应符合设计要求。

（3）饰面涂料宜选用具有防水和装饰功能的丙烯酸酯类外墙涂料，涂布应均匀，色彩应符合设计要求。

（4）外墙背水面装饰层因渗漏水造成的破坏，应根据原设计要求和工程现状进行修复。

2. 幕墙饰面。

（1）拆除幕墙修缮技术：

1）拆除幕墙材料；

2）当外墙保温层选用矿棉时，宜采用防水透气膜做防水层；当外墙保温层为挤塑聚苯板时，保温层上应作抗裂砂浆找平层；在抗裂砂浆找平层上喷涂聚合物水泥或聚合物乳液、聚氨酯等涂料做防水层；

3）按原设计要求恢复或更换幕墙板材，并进行相应的嵌缝密封处理。

（2）不拆除幕墙修缮技术：

1）清除板材接缝密封材料；

2）更换有缺陷的幕墙板材；

3）按照相关规范规定和设计要求，对板缝重新采用耐候硅酮结构密封胶进行嵌填和密封处理；

4）幕墙压顶应做防水密封处理。

（3）外墙背水面应根据原设计要求和工程现状进行修复。

3.3.6 外墙细部构造渗漏修缮

3.3.6.1 门窗框部位渗漏修缮

1. 由门窗框四周防水密封缺陷引起渗漏的修缮方法：

（1）外墙防水层延伸至门窗框与外墙体之间缝隙内不应小于30mm；

（2）门窗框与主体墙之间的缝隙内应用发泡聚氨酯填缝剂填充饱满，外口留置5～10mm深的凹槽；

（3）凹槽内嵌填硅酮或聚氨酯建筑密封胶；

（4）门窗框与外墙保温层结合缝应采用密封材料处理。

2. 由门窗洞上楣未设置滴水，墙面雨水顺着上楣口流向门窗引起渗漏的修缮方法：

（1）在上楣用切割机切割成20mm×20mm的滴水槽；

（2）外观允许时，可安装20mm×30mm的L形金属（塑料）构件作滴水处理。

3. 由外窗台高、内窗台低、雨水由窗下框部位渗进室内的修缮，应调整内外窗台的标高，使内窗台高于外窗台不小于20mm：

（1）剔凿内窗台装修层至结构层；

（2）采用密封材料嵌填窗下框与窗台结构之间的缝隙；

（3）采用具有防水功能的聚合物水泥细石混凝土将内窗台提高到高出外窗台20mm；或采用高分子益胶泥满粘方法铺贴石材压板。

4. 由窗户下框滑槽留置的泄水孔偏高引起的渗漏，修缮时应降低泄水孔，使进入滑槽及窗框空腔内的雨水能顺畅排出，同时应对窗框的螺栓孔及窗框的拼缝进行密封处理。

3.3.6.2 雨篷、开放式阳台与外墙连接处渗漏的修缮

1. 泛水部位防水层设在外墙的保温层上或收头未与结构墙固定和进行密封处理引起的渗漏修缮：

（1）拆除泛水部位外墙的保温层及装饰层至结构墙；

（2）采用与原防水层相容的防水材料将泛水部位的防水层延伸至结构墙上，泛水部位的防水层高度不应小于250mm，收头处应固定牢固，并用密封材料封严；

（3）泛水以上墙体防水层与泛水部位防水层应顺槎搭接，搭接宽度不应小于100mm；

（4）防水修缮完成后再按原设计要求恢复外墙的保温层等构造层。

2. 雨篷、开放式阳台倒坡造成室内渗漏的修缮：

（1）拆除积水部位保护层、防水层、保温层等构造层，拆除部位清理干净；

（2）采用聚合物水泥砂浆找坡，坡度不应小于2%，使雨水能顺畅排出；

（3）按原设计恢复拆除的构造层，新旧防水层应顺槎搭接，搭接宽度不应小于100mm。

3.3.6.3　变形缝渗漏的修缮

1. 屋面水平变形缝渗漏修缮方法，见本教材第 3.2 节屋面防水工程变形缝渗漏修缮的相应内容。

2. 外墙竖向变形缝渗漏修缮：

（1）拆除变形缝盖板；

（2）清理变形缝失效的防水层及填充材料；

（3）嵌填挤塑聚苯板或泡沫聚乙烯棒材作填充层与背衬材料；

（4）外贴搭接缝可焊接的高分子防水卷材，缝口部位卷材凹进缝内呈 U 字形，两边卷材与外墙防水层搭接，并粘结牢固、封闭严密；

（5）屋面水平变形缝防水层应覆盖在立面变形缝防水层之上，顺槎搭接；

（6）恢复变形缝面层金属盖板，金属盖板上下应顺槎搭接。

3.3.6.4　穿墙管、洞部位渗漏的修缮

1. 穿透外墙管线用的预埋套管周围渗漏修缮。

（1）穿透外墙管线用的预埋套管周围渗漏修缮时，迎水面具备施工条件的应首先在迎水面处理：

1）套管周围剔凿成 20mm 宽、30mm 深的凹槽，并清理干净；

2）凹槽内嵌填 10mm 厚聚氨酯或聚硫建筑密封胶，然后再嵌填 20mm 厚聚合物水泥砂浆，压实抹平；

3）聚合物水泥砂浆面层上涂刷与墙面防水层相容的防水涂料，防水涂层与墙面防水层搭接，并返到套管上；

4）套管与管线之间的缝隙应嵌填聚氨酯或聚硫建筑密封胶封闭严密；

5）套管周围装修恢复按原设计。

（2）在迎水面不具备施工条件时，可在背水面处理：

1）套管周围剔凿成 20mm 宽、20mm 深的凹槽，并清理干净；

2）凹槽内埋置注浆针头，灌注聚氨酯发泡材料，灌注聚氨酯发泡材料时应注意压力和材料用量，不得将聚氨酯浆料溢至外墙；

3）凹槽内清理溢出的聚氨酯发泡体后，嵌填聚合物水泥砂浆，压实抹平；

4）套管与管线之间的缝隙应嵌填聚丙烯酸酯建筑密封胶，封闭严密；

5）套管周围装饰层按原设计恢复。

2. 后开安装空调管线用的管洞渗漏修缮。

（1）空调管线的管洞坡度应外低里高，防止雨水顺着管线倒灌到室内。

（2）迎水面具备施工条件时应首先在迎水面处理，洞内灌注单组分聚氨酯泡沫填缝剂，洞口周边嵌填硅酮或聚氨酯建筑密封胶封堵洞口，外加盖管线护口并密封粘牢。

（3）在迎水面不具备施工条件时，可在背水面处理，管与洞之间的缝隙宜灌注单组分聚氨酯泡沫填缝剂，缝口嵌填聚丙烯酸酯建筑密封胶，封闭严密，套管周围装修按原设计恢复。

3. 脚手架管洞封堵不密实造成的渗漏，修缮时应剔开洞口，用聚合物水泥砂浆嵌填密实，面层收光，装饰层按原设计恢复。

3.3.6.5　装配式外墙板缝渗漏的修缮

1. 板缝采用空腔构造防水时，应按原设计要求，修补排水槽、滴水线、挡水台、排

水坡等缺陷，保证防水、排水体系的完整性。

2. 外墙板缝渗漏，采用由空腔构造防水改为密封材料防水的修缮方法：

(1) 清除板缝空腔内原有的嵌填材料，并洗刷干净；

(2) 板缝两侧缺陷应用聚合物水泥砂浆或环氧砂浆修补；

(3) 空腔内塞入泡沫聚乙烯棒材做背衬材料；

(4) 缝口嵌填厚度为缝宽度 0.5～0.7 倍的聚氨酯或聚硫建筑密封胶，嵌填的密封胶应连续、饱满，不得裹入空气，并埋置注浆针头；

(5) 缝内灌注聚氨酯发泡材料填缝；

(6) 面层作清洁处理。

3.3.6.6　女儿墙压顶渗漏修缮

1. 压顶未设置防水层引起的渗漏水，应采用与屋面防水层和外墙防水层相容的防水材料，全包裹压顶，并应与屋面防水层、外墙防水层顺槎紧密搭接。

2. 有外保温外墙，压顶防水层未全包裹保温层引起的渗漏，应采用与原压顶防水层相同或相容的防水材料全包裹压顶和压顶部位的保温层。

3. 所有女儿墙宜设置钢筋混凝土压顶或金属盖板，压顶应向内找坡，压顶内侧应设置滴水，压顶坡度不应小于 5%。

4. 女儿墙压顶设置金属盖板时，外墙防水层应做至盖板的下部，金属盖板应采用专用金属配件固定，盖板的板缝应嵌填密封材料封严。

5. 女儿墙采用混凝土压顶时，外墙防水层宜上翻至压顶内侧的滴水部位。

3.3.6.7　外墙防水层与地下空间侧墙防水层交接部位渗漏的修缮

1. 外墙防水层与地下空间侧墙防水层交接部位不闭合、未形成建筑外墙完整防水体系，引起的渗漏水，应拆除渗漏水部位保护层至防水层，将拆除部位清理干净。

2. 采用与外墙防水层和地下空间侧墙防水层均相容的防水材料修补，外墙防水层覆盖在地下空间侧墙防水层上，搭接宽度不应小于 150mm。

3. 保护层、保温层按原设计恢复。

3.3.7　质量检查与验收

3.3.7.1　材料进场抽样复验

外墙防水工程渗漏修缮用的防水材料进场抽样复验应根据用量多少和工程的重要性来确定，重要的、特殊的外墙工程修缮所用防水材料进场后的复验，可不受材料品种和用量的限定。

3.3.7.2　工程质量检验批应符合规定

1. 外墙面整体翻修，按防水面积每 100m² 抽查一处，不足 100m² 按 100m² 计，每处 10m²，且不得少于 3 处。

2. 接缝密封防水，每 50m 应抽查一处，不足 50m 按 50m 计，每处 5m，且不得少于 3 处。

3. 外墙防水工程局部渗漏修复，应全数进行检查。

4. 外墙防水工程细部渗漏修复，应全数进行检查。

3.3.7.3 外墙防水工程修缮质量验收应提供资料

1. 查勘报告。
2. 修缮方案及施工洽商变更单。
3. 施工方案、技术交底。
4. 防水材料的质量证明资料。
5. 隐检记录。
6. 施工专业队伍的相关资料及主要操作人员的培训证书等。

3.3.7.4 外墙防水工程修缮质量应符合规定

1. 防水主材及配套材料应符合修缮方案设计要求，性能指标应符合相关标准规定。

检验方法：检查出厂合格证、质量检验报告和现场见证抽样复验报告。

2. 修缮部位不得有渗漏现象。

检验方法：雨后或淋水检验。

3. 防水构造应符合修缮方案设计要求。

检验方法：观察检查和检查隐蔽工程验收记录。

4. 外墙防水层局部修复时，外墙装饰层应与原设计一致；整体翻修时，外墙装饰层应与原设计及周围环境相协调。

检验方法：观察检查。

5. 外墙防水工程修缮其他质量应符合修缮设计方案要求和相关规范的规定。

检验方法：观察检查和检查隐蔽工程验收记录。

 思考题

> 1. 外墙工程渗漏整体修缮应具备什么条件？
> 2. 外墙工程渗漏局部修缮选用防水材料的注意事项有哪些？
> 3. 外墙工程渗漏局部修缮选用装饰材料的注意事项有哪些？
> 4. 块体材料装饰外墙工程渗漏不拆除应具备什么条件？

3.4 室内防水工程修缮技术

3.4.1 室内防水工程渗漏修缮应遵循的基本原则

3.4.1.1 综合治理原则

室内防水工程渗漏修缮，应遵循："技术可靠，施工具备，绿色环保，经济合理"的原则。

3.4.1.2 局部修缮原则

室内防水工程发生局部渗漏时，局部处理能解决渗漏问题，应采用局部修缮的方法，采用迎水面修复与背水面封堵处理相结合的修缮措施。

3.4.1.3 整体修缮原则

室内防水工程渗漏严重、防水层基本失效、局部修缮不能彻底解决渗漏问题时，应进行整体修缮；整体修缮，应在迎水面进行。

3.4.1.4　室内渗漏修缮选用材料要求与基本原则

1. 耐水性好，适应长期有水和潮湿环境。

2. 便于施工，可操作性强。

3. 局部修复采用的防水、堵漏材料，与原防水层材料应具有相容性。

4. 绿色环保，施工中与使用中对人体无害，对环境无影响，涂料类的防水材料不得选用溶剂型涂料。

5. 饮用水池选用的防水材料应符合饮用水相关规定。

3.4.1.5　安全性要求

室内防水工程渗漏治理应尽量减少对具有防水功能的原防水层的破坏，不得损害建筑物的结构安全。

3.4.2　室内防水工程渗漏修缮基本程序

3.4.2.1　现状查勘

1. 室内防水工程修缮前应进行现场查勘，现场查勘主要内容：

（1）渗漏部位、渗漏状况、渗漏程度；

（2）渗漏水的变化规律；

（3）原防水构造做法；

（4）工程使用环境。

2. 现场查勘基本方法：

（1）背水面主要查勘渗漏部位、渗漏范围、渗漏程度；

（2）迎水面主要查勘室内防水工程现状，查找缺陷部位；

（3）现场查勘可采用观察、测量、仪器探测、局部拆除、淋水或蓄水等方法查勘。

3.4.2.2　修缮时应查阅资料

1. 防水设防措施、防水构造。

2. 排水系统设计。

3. 防水材料及质量证明资料。

4. 防水施工方案与技术交底等技术资料。

5. 防水工程施工中间检查记录、质量检验资料和验收资料等。

6. 维修资料。

3.4.2.3　渗漏原因分析

根据现场查勘的资料和查阅的资料，从设计、材料、施工、使用、维护等方面分析渗漏原因。

3.4.2.4　制定渗漏水修缮方案

室内渗漏修缮方案主要内容：

（1）工程名称，修缮类型；

（2）防水构造；

（3）材料要求；

（4）防水基层、排水系统、防水保护层等要求；

(5) 施工技术要点；

(6) 质量要求；

(7) 环保措施；

(8) 安全注意事项等。

3.4.2.5 修缮施工

1. 室内防水工程渗漏整体修缮施工基本要求：

(1) 应关闭拆除部位水源、电源；

(2) 应拆除影响防水修缮施工的设备、器具、锈蚀管件和烂及老化的防水层，拆除时不得破坏室内结构；

(3) 有缺陷的防水基层应采用聚合物水泥砂浆修补，使其满足坚实、平整、干净的要求；

(4) 防水层与基层应采用满粘法施工，粘结紧密，不得空鼓；墙面防水层与楼地面防水层应顺槎搭接；细部防水构造应增强处理；

(5) 墙地面设置管线时，管线与防水基层之间应设置防水层；PP—R 等塑料给水管不得直接接触聚氨酯防水涂料；

(6) 墙面防水层设防高度应符合我国现行室内防水相关标准的规定；

(7) 室内渗漏水整体翻修时，新做的防水层宜设在原防水层部位，施工工艺应符合选用的防水材料要求和相应标准的规定；

(8) 保护层选用应与相关构造层相协调，装饰层恢复应符合使用方要求及与整体环境相协调。

2. 室内防水工程渗漏局部修复施工基本要求：

(1) 防水材料应与原防水层材料相容；

(2) 新旧防水层应顺槎搭接，搭接宽度不应小于 100mm；

(3) 保护层、饰面层恢复应与原外观相协调。

3.4.3 住宅厕浴间防水工程渗漏修缮

3.4.3.1 整体修缮

1. 整体拆除修缮。

(1) 住宅厕浴间投入使用时间较长、渗漏范围大、渗漏程度严重，局部修缮不能彻底解决渗漏问题，应采用整体拆除修缮方案。

(2) 拆除。

1) 拆除前应关闭拆除部位水源、电源，对地漏、排水口等敞开管口应做临时封堵和保护措施，应做好现场成品保护；

2) 应拆除影响防水修缮施工的设备、器具、洁具，拆除需要更换的管道、管件；

3) 剔除装饰层、粘结层、防水保护层、填充层、防水层等相关构造层至防水层的基层；

4) 拆除时不得破坏结构的安全性。

(3) 基层处理：

1) 防水基层应坚实、平整、干净，基层干湿程度应符合选用的防水材料施工工艺要求；

2）基层的排水坡度不应小于 0.5%，阴、阳角部位宜抹成圆弧形；

3）地漏不宜高出防水层完成面，如果高出防水层完成面，地漏部位应设置双排水措施；

4）给排水管道与防水基层之间应留置防水层施工空间；

5）地面套管高出地面装饰面不应小于 20mm。

（4）细部构造处理：

1）阴阳角、地漏、穿透防水层的管根部位应进行防水增强处理，附加层宽度宜为 300mm，厚度应符合相应材料的相关规定；

2）防水区域墙、地面埋置管线时，防水层应施作在管线与防水基层之间，不得仅在管线上覆盖防水层，应防止管线跑、冒、滴、漏及冷凝水造成渗漏；

3）套管与管道之间的缝隙应采用柔性密封材料封严；套管与混凝土结构之间的缝隙应采用聚合物水泥砂浆嵌填密实，防水层应包裹套管，并不得高出装修层完成面；

4）卫生间门口部位应设置防止卫生间水向相邻空间渗水、溢水的构造措施。门口设置门槛时，卫生间地面防水层应包裹门槛，并与门洞口两侧墙面防水层连接，门槛过门石粘结层应具有防水功能；当门口未设置门槛时，门口部位防水层与饰面层之间的构造层应具有防水功能。

（5）防水层施工：

1）防水层施工工艺、质量要求，应符合选用的防水材料施工工艺要求和相关标准的规定；

2）无论采用何种防水材料，防水层与基层均应采用满粘法施工，与基层粘结紧密，不得有空鼓现象；

3）整体修缮新做防水层宜设在原防水层部位，平面防水层与立面防水层应顺槎搭接；

4）设置填充层或地暖层的厕浴间楼地面，应设置两道防水层；第一道防水层设在结构层上或结构找平层上，第二道防水层设在填充层的找平层上或地暖层的保护层上；两道防水层在立面应连接闭合；

5）墙面防水层设防高度应符合我国现行室内防水相关标准的规定，喷洒临墙部位的防水层高度应在地面完成面上不小于 2000mm，拖布池临墙部位的防水层高度不应低于 900mm，洗面池和洗碗池等临墙部位的防水层高度不应低于 1200mm，小便器临墙部位的防水层高度不应低于 1300mm，蹲坑部位墙面的防水层高度在登台完成面向上不应低于 400mm，其他墙面防水层高度应在地面完成面上不应小于 300mm；

6）防水层完成，经检查质量符合设计要求和相关标准规定后，应进行淋水和蓄水试验，无渗漏时再施工保护层和装饰层；

7）铺贴瓷砖装饰层，宜选用具有防水与粘结功能的高分子益胶泥或专用配套材料作为瓷砖粘结层；

8）装饰层完成后应进行第二次淋水和蓄水试验，无渗漏时为合格。

2. 住宅厕浴间渗漏不拆除修缮方案。

（1）住宅厕浴间渗漏，采用不拆除修缮方案的优点：

1）施工工艺简便，施工速度快，工期短；

2）不拆除，无噪声，无施工垃圾，节能环保；

3）防水层无需做保护层，构造层次少，工序少，综合成本低，性价比高。

（2）住宅厕浴间渗漏采用不拆除修缮方案，应具备的基本条件：

1）装饰面层为瓷砖、石材等材料，饰材面层无风化、粉化现象；

2）采用水泥砂浆湿铺工艺，灰浆饱满；

3）不拆除修缮能解决渗漏问题；

4）经济合理。

（3）材料选用：

1）面层应选用无色、透明、环保、耐水、耐磨和渗透性强的液体材料，如有机硅涂料、渗透型防水剂、单组分透明聚氨酯涂料等。

2）嵌缝、勾缝应选用耐水、粘结性好、绿色环保的材料，如高分子益胶泥、聚合物水泥防水砂浆等。

（4）施工基本方法步骤：

1）将面层清洗干净，饰面层及块材缝隙无附着物、无灰尘；

2）有缺陷的饰面层及块材缝隙应进行嵌填、勾缝的修补处理，地漏、管根等部位渗漏应采用局部堵漏修复的方法处理；

3）面层涂布防水涂料时，应分遍涂布至饱和状态，覆盖完全；涂层涂布应均匀，不得有堆积、流挂现象；

4）涂层完全固化、干燥后，采用蓄水、淋水的方法检验，无渗漏时为合格。

3.4.3.2　局部修缮

1. 地漏部位渗漏修缮。

（1）卫生间采用同层排水设计时，地漏部位渗漏应在迎水面修缮：

1）拆除地漏周围 300mm 范围内的装饰层、保护层、防水层等构造层至结构层；

2）排水管周围剔凿成 20mm×20mm 的凹槽，凹槽采用与原防水层相容的柔性密封材料嵌填密实；

3）面层涂刷与密封材料及原防水层相容的防水涂料，并紧密粘结，新旧防水层搭接宽度不应小于 100mm；防水层应在地漏杯口周围粘牢、封严，不得将防水层及防水附加层伸入杯口内；

4）修复部位经蓄水试验不渗漏后恢复相应的构造层。

（2）卫生间采用下层排水设计时，地漏部位渗漏修缮：

1）迎水面修缮方法步骤见本条上述同层排水地漏部位渗漏修缮的相应内容。

2）背水面具备施工条件时，可在背水面采取修复措施：

① 将地漏管根部与混凝土结构之间的缝隙及其周围 300mm 范围内清理干净；

② 采用聚合物水泥防水砂浆或刚性堵漏材料将地漏管根部与混凝土结构之间的缝隙嵌填密实，并埋置注浆针头；

③ 采用环氧注浆材料或不收缩聚氨酯注浆材料注浆，并将管道周围缝隙堵塞、封严；

④ 管根周围 300mm 范围内涂刷 1.0mm 厚水泥基渗透结晶型防水涂料或 1.5mm 厚单组分聚脲涂层；

⑤ 按原设计恢复装饰层。

2. 管根部位渗漏修缮。

管根部位渗漏修缮方法步骤见本条"地漏部位渗漏修缮"中的相应内容。

3. 套管部位渗漏修缮。

（1）套管外围部位渗漏修缮方法步骤见本条"地漏部位渗漏修缮"中的相应内容。

（2）套管与管道之间的缝隙渗漏，应在迎水面将套管与管道之间缝隙内原嵌填的密封材料清理 20mm 左右深，采用聚氨酯密封胶、聚硫密封胶等柔性密封材料重新嵌填密实。

4. 门槛部位渗漏修缮。

（1）拆除门槛过门石、粘结层、保护层至防水层，拆除门口内侧地面 200mm 宽、墙面 200mm 高范围内的装饰层及砂浆粘结层至防水层。

（2）采用与原防水层相容的防水涂料修补拆除部位的防水层，新旧防水层搭接宽度不应小于 100mm。

（3）设置挡水门槛时，防水层应包裹挡水门槛，地面、墙面、挡水门槛形成闭合的防水构造。

（4）未设置挡水门槛时，过门石与防水层之间的构造层应采用具有防水功能和粘结功能的材料。

（5）蓄水试验 24h 以上不渗漏时，恢复拆除部位的相关构造层。

3.4.4　大型厨房操作间防水工程渗漏整体修缮

3.4.4.1　拆除

1. 大型厨房操作间长期处于潮湿环境，为保证施工安全，拆除前应关闭拆除部位水源，切断拆除部位电源，对地漏、排水口等敞开管口应做临时封堵和保护措施，同时应做好现场成品保护。

2. 拆除排水沟槽和影响防水修缮施工的设备、器具及需要更换的管道、管件等。

3. 剔除装饰层、粘结层、填充层、防水保护层、防水层，防水层下的基层有缺陷时应拆除至结构层。

4. 拆除施工不得破坏结构的安全性。

3.4.4.2　基层要求

排水沟槽坡度不应小于 1.0%，基层处理其他要求见本节 3.4.3.1 整体修缮中/整体拆除修缮中的（3）基层处理。

3.4.4.3　排水沟槽防水要求

排水沟槽背水面应设置防水层。排水沟槽内设置防水层时，应与地面填充层上的防水层连接；其他细部构造增强处理要求见本节 3.4.3.1 整体修缮中/整体拆除修缮中的（4）细部构造处理。

3.4.4.4　防水层施工

1. 无论采用何种防水材料，防水层与基层均应采用满粘法施工，与基层粘结紧密，不得空鼓；防水层施工工艺、质量要求，应符合选用的防水材料施工工艺要求和相关标准的规定。

2. 厨房地面设有管道层和填充层时，应设置两道防水层，第一道防水层设在结构层上或结构找平层上，第二道防水层应设在填充层的找平层上，两道防水层在立面应连接闭合，且立面防水层应覆盖在平面防水层上。

3. 经常用水清洗的墙面应设置防水层，其他墙面防水层高度应在地面完成面上不小于 300mm。

3.4.4.5　施工过程质量控制

每道防水层完成，经检查质量符合设计要求和相关标准规定后，并应经淋水和蓄水试验，无渗漏时再施工保护层和装饰层。

3.4.4.6　瓷砖粘结材料

铺贴瓷砖装饰层，宜选用具有防水与粘结功能的高分子益胶泥或专用的配套材料作为瓷砖粘结层。

3.4.4.7　装饰层完成后防水检验

装饰层完成后应进行第二次淋水和蓄水试验，无渗漏时为合格。

3.4.4.8　局部修缮

大型厨房操作间渗漏局部修缮方法步骤见本节第 3.4.3 条"住宅厕浴间防水工程渗漏修缮"中的相应内容。

3.4.5　游泳池、戏水池防水工程渗漏修缮

3.4.5.1　整体修缮

1. 游泳池与戏水池渗漏整体修缮的拆除、基层处理、细部构造增强处理的要求见本节第 3.4.3 条"住宅厕浴间防水工程渗漏修缮"中的相应内容。

2. 防水层施工。

（1）游泳池、戏水池防水层与基层均应采用满粘法施工，与基层应粘结紧密，不得有空鼓现象；防水材料选择、防水层施工工艺、防水工程质量要求应符合设计要求和相关标准的规定。

（2）游泳池与戏水池池内防水层、池台地面（包括溢水沟）防水层、墙面防水层应连接闭合，平面防水层与立面防水层应顺槎搭接。

（3）架空的游泳池、戏水池等池底设置管道层时，管道层应设置两道防水层，第一道防水层设在池体结构上或结构找平层上，第二道防水层设在管道填充层的找平层上，两道防水层在立面应连接闭合。

（4）游泳池、戏水池池体设置内保温时，游泳池、戏水池应设置两道防水层，第一道防水层设在池体结构层上或结构找平层上，第二道防水层设在保温层的找平层上，两道防水层收头部位应在侧壁连接闭合。

（5）架空的游泳池、戏水池，池体周围地面设置填充层、保温层或地暖时，地面应设置两道防水层，第一道防水层设在地面结构层上或结构找平层上，第二道防水层设在填充层、保温层或地暖层的找平层上，两道防水层收头应在立墙上连接闭合。

（6）游泳池、戏水池周围墙面，设防高度不应小于 300mm，经常用水清洗部位的墙面应作防水设防。

（7）游泳池、戏水池顶板、侧墙有冷凝水时，应设置防水、防潮层。

3. 防水层完成，经检查质量符合设计要求和相关标准规定后，应进行淋水和蓄水试验，无渗漏时再施工保护层和装饰层。

4. 铺贴瓷砖装饰层，宜选用具有防水与粘结功能的高分子益胶泥或专用配套材料作为瓷砖粘结层。

5. 装饰层完成后应进行第二次淋水和蓄水试验，无渗漏时为合格。

3.4.5.2 局部修缮

1. 溢水沟渗漏修缮。

（1）拆除溢水沟渗漏部位保护层至防水层，拆除范围应大于渗漏范围；

（2）采用与原防水层相同或相容的防水涂料修复，新做防水层与溢水沟周围地面防水层应连接闭合，搭接宽度不应小于 100mm；

（3）修缮部位经蓄水试验不渗漏时，恢复保护层和装饰面层。

2. 架空的游泳池、戏水池池体局部渗漏，背水面具备施工条件时，可在背水面修复。

（1）疏松、不密实混凝土部位渗漏修复：

1）剔除疏松、不密实的混凝土直至坚实部位，缺陷部位外延 300mm 范围清理干净；

2）采用水泥基类防水堵漏材料与水配制成半干粉团，嵌填到渗漏部位，压实、挤紧，直至不渗漏；

3）不渗漏后，嵌填部位表面涂刷由水泥基类防水堵漏材料与水配制的底涂浆料后，随即抹压聚合物水泥防水砂浆或高分子益胶泥等刚性防水层；

4）外围外延部位表面涂刷 1.0mm 厚水泥基渗透结晶型防水涂料，材料用量应不小于 1.5kg/m^2；

5）修复完成后应及时进行保湿养护；

6）渗漏部位选用高渗透改性环氧材料作结构补强时，应在不渗漏状态下进行；补强部位涂刷高渗透改性环氧涂料，在涂层处于粘结状态时，嵌填用高渗透改性环氧树脂配制的胶泥，表面抹平、压实、压光。

（2）混凝土裂缝渗漏修复：

1）混凝土裂缝部位凿成 20mm×20mm 的凹槽，埋置注浆针头；

2）凹槽采用水泥基渗透结晶堵漏材料、高分子益胶泥等与水配制成的半干粉团嵌填，挤紧、压实；

3）采用高渗透改性环氧树脂注浆封缝；

4）缝两侧各 200mm 范围清理干净，表面涂刷高渗透改性环氧涂料或水泥基渗透结晶型防水涂料。

3.4.6 蓄水池、消防水池防水工程渗漏修缮

3.4.6.1 整体修缮

1. 蓄水池、消防水池渗漏整体修缮应在迎水面进行。

2. 修缮材料应选用狭窄空间和封闭环境可施工、易于施工的防水材料，如：水性橡胶高分子复合防水涂料、聚合物水泥防水涂料、高分子益胶泥防水材料、水泥基渗透结晶型防水涂料、聚合物水泥防水砂浆等防水材料，饮用水水池选用的防水材料应符合饮用水标准的规定。

3. 蓄水池、消防水池防水迎水面整体修缮，应拆除池内保护层，防水层易于清理时应予铲除，基层应清理干净。

4. 防水层的基层应进行检查，有缺陷时应进行修补，使其符合所选用的防水材料对防水基层的要求。

5. 防水层施工要求：

（1）防水层施工应符合所选用的防水材料施工工艺要求和相关标准规定。

（2）池内防水层施工应采用机械通风，保持空气流通。

（3）防水层养护应符合选用的防水材料特性。

（4）防水层的保护层应根据选用的防水材料特性确定，刚性防水层可不做保护层，柔性材料保护层可选用聚合物水泥砂浆内夹钢丝网做法。

3.4.6.2　局部修缮

1. 蓄水池、消防水池渗漏局部修缮宜在背水面进行；可采用化学注浆与刚性材料堵漏相结合的措施。化学注浆材料宜选用高渗透改性环氧树脂，刚性堵漏材料可选用水泥基渗透结晶型防水材料、高分子益胶泥等。

2. 结构混凝土裂缝渗漏修复：

（1）将裂缝剔凿成 20mm×20mm 的凹槽，凹槽内埋置注浆针头；

（2）凹槽采用水泥基类防水堵漏材料与水配制成的半干粉团嵌填，挤紧、压实；

（3）采用高渗透改性环氧树脂注浆封缝；

（4）缝两侧各 200mm 范围清理干净，表面涂刷高渗透改性环氧涂料或水泥基渗透结晶型防水涂料；水泥基渗透结晶型防水涂层厚度应不小于 1.0mm，材料用量应不小于 1.5kg/m²；渗透改性环氧涂料涂刷遍数宜不少于 3 遍，材料用量应不小于 0.5kg/m²；

（5）水泥基渗透结晶型防水涂层应及时进行养护。

3. 疏松、不密实的混凝土部位渗漏修复方法见本节第 3.4.5.2 条中的相应做法。

3.4.7　楼地面防水工程修缮

3.4.7.1　整体修缮

1. 楼地面防水工程拆除、基层处理、细部构造增强处理的方法步骤见本节第 3.4.3 条"住宅厕浴间防水工程渗漏修缮"中的相应内容。

2. 防水层施工：

（1）防水层与基层应采用满粘法施工，与基层粘结紧密，不得空鼓；防水层施工工艺应符合选用的防水材料施工工艺要求和相关标准的规定；

（2）设置填充层或地暖层的楼地面，应设置两道防水层；第一道防水层设在结构层上或结构找平层上，第二道防水层设在填充层的找平层上或地暖层的保护层上；两道防水层应在立面连接闭合；

（3）楼地面暗埋的给排水、地暖管不得有渗漏现象，锈蚀、老化、破损的管道应予更换；水平管道下设置的防水层应与设在楼地面结构层上或结构找平层上的第一道防水层连接形成整体；

（4）楼地面与墙面连接部位泛水防水层设防高度应在地面完成面上不小于 300mm，有防水要求的墙面防水层高度应符合我国现行室内防水相关标准的规定；

（5）防水层质量应符合设计要求和相关标准的规定，应进行淋水和蓄水试验，无渗漏时再施工保护层和装饰层；

(6) 铺贴瓷砖装饰层，宜选用具有防水与粘结功能的高分子益胶泥或专用配套材料作为粘结层；

(7) 装饰层完成后应进行第二次淋水和蓄水试验，无渗漏时为合格。

3.4.7.2　局部修缮

楼地面局部渗漏修缮见本节第 3.4.3 条"住宅厕浴间防水工程渗漏修缮"中的相应内容。

3.4.8　质量检查与验收

1. 材料进场抽样复验批次应符合相关标准的规定。

2. 室内防水工程整体修缮，工程质量检验批量按防水面积每 $100m^2$ 抽查一处，每处 $10m^2$，且不得少于 3 处；不足 $100m^2$ 按 $100m^2$ 计。

3. 室内工程防水局部修复，应全数进行检查。

4. 室内防水工程修缮质量验收应提供下列资料：

(1) 渗漏查勘资料；

(2) 渗漏治理方案及施工洽商变更；

(3) 施工方案、技术交底；

(4) 防水材料的质量证明资料；

(5) 隐检记录；

(6) 施工专业队伍的资质证书及主要操作人员的培训证书等。

5. 室内防水工程修缮质量应符合下列规定：

(1) 防水主材及配套材料应符合修缮方案的设计要求，性能指标应符合相关标准的规定。

检验方法：检查出厂合格证、质量检验报告和现场见证抽样复验报告。

(2) 楼地面防水修缮部位不得有渗漏和积水现象。

检验方法：蓄水检验，测量坡度。

(3) 墙面防水修缮部位不得有渗漏现象。

检验方法：淋水检验。

(4) 防水构造应符合渗漏修缮方案的设计要求。

检验方法：观察检查和检查隐蔽工程验收记录。

(5) 室内防水工程渗漏修缮其他质量应符合渗漏治理设计方案要求和我国现行室内防水标准的相关规定。

检验方法：观察检查和检查隐蔽工程验收记录。

 思考题

1. 室内工程渗漏整体修缮应具备哪些条件？

2. 室内工程渗漏局部修缮选用防水材料有哪些注意事项？

3. 室内工程渗漏局部修缮选用装饰材料有哪些注意事项？

4. 块体材料装饰室内工程渗漏不拆除应具备哪些条件？

下篇　建筑防水工程修缮案例

北京某别墅地下珍藏品库渗漏治理技术

曹征富[1] 罗琴

1. 工程概况

北京市某小区 A 别墅，地下室一层，埋深 3.5m，基础形式为筏形基础，筏板板厚 250mm，混凝土强度等级 C30，抗渗等级 P6；地下室结构外围采用卷材、涂料复合防水层，室内筏板上 500mm 厚房心回填土。业主为外籍商人，于 2014 年 10 月入住，地下室用于存放古玩、名贵珍藏品。业主入住后，地下室逐渐出现潮湿和渗漏现象，墙面泛潮，壁纸霉变，房心土呈饱和状态，地面积水，严重影响业主藏品的存放和正常使用（图 1、图 2）。

图 1　墙面泛潮

图 2　壁纸霉变

2. 渗漏原因

经查阅资料和现场查勘，造成该地下室渗漏主要有以下原因：

（1）该工程卷材防水层选材不当，使用了耐水性差、胎体易吸水、易霉烂的、住房城乡建设部禁止在防水工程中使用的复合胎柔性防水卷材（图 3）；

（2）防水混凝土存在浇筑不密实现象（图 4）；

（3）防水构造不科学，采用聚氨酯涂膜上热熔铺贴复合胎柔性防水卷材，互不相容，彼此伤害，卷材热熔时高温烧坏聚氨酯涂膜，卷材与聚氨酯涂膜难以紧密粘结；

（4）建筑周围肥槽回填土普遍下沉，带动卷材防水层向下滑移、撕裂，破坏了防水层整体性（图 5）；侧墙卷材防水层出地面收头普遍张口，雨水从张口部位进入防水层形成窜水，造成大量渗漏（图 6）。

---

[1][第一作者简介]　曹征富，男，1946 年 10 月出生，大学本科，高级工程师，中国建筑学会建筑防水学术委员会名誉主任，长期从事防水技术应用、技术咨询、防水工程质量司法鉴定等工作，主持和参与上千项防水工程。

图 3　柔性复合胎防水卷材

图 4　结构混凝土存在孔洞、不密实等缺陷

图 5　回填土下沉，带动卷材防水层向下滑移、撕裂

图 6　卷材防水层收头张口

3. 修缮方案

3.1　修缮方案应考虑的要素

（1）该地下工程防水等级为Ⅰ级，防水标准为不允许渗水，结构表面应无湿渍；

（2）该地下室存放古玩、名贵珍藏品，对防水、防潮要求严格；

（3）地下室侧墙外防水层基本失效，室内渗漏严重，不再考虑原结构外围柔性防水层的有效性；

（4）选用的防水材料与防水构造应有针对性、可靠性、可操作性、环保性和经济合理性。

3.2　基本方案

（1）迎水面与背水面同时进行维修，有防水要求的部位采取两道防水设防措施，满足使用要求；

（2）迎水面仍采用涂料与卷材复合防水构造，侧墙原聚氨酯涂层难以彻底清除，维修时仍选用聚氨酯涂料作底层防水层；侧墙原面层卷材防水层为住建部禁止在防水工程中使用的复合胎柔性防水卷材，又出现了普遍向下滑移、撕裂、张口现象，应予拆除，改用聚乙烯丙纶卷材采用聚合物水泥防水胶料铺贴；

（3）室内采用水泥基渗透结晶防水材料与聚合物水泥防水涂料复合，水泥基渗透结晶防水材料做在混凝土结构层上；

（4）室外回填土采用2∶8灰土恢复，室内房心土采用黄泥土恢复。

3.3　防水构造

（1）地下室侧墙迎水面：800mm 宽 2∶8 灰土＋素土夯实→120mm 砖砌保护墙→

50mm 挤塑板保护层→0.7mm 厚聚乙烯丙纶防水卷材→聚合物水泥防水胶料粘结层→1.5mm 厚聚氨酯防水涂层→结构墙体。

（2）地下室侧墙背水面：12mm 厚聚合物水泥砂浆保护层→1.5mm 厚聚合物水泥防水涂料→1.0mm 厚水泥基渗透结晶型防水材料→结构墙体。

（3）地下室底板背水面：80mm 厚混凝土地面→500mm 厚房心土→50mm 厚混凝土防水保护层→玻纤布隔离层→1.5mm 厚聚合物水泥防水涂料→1.0mm 厚水泥基渗透结晶型防水材料→结构底板。

（4）细部做法：

1）施工缝及混凝土裂缝剔凿凹槽，采用化学注浆与聚合物水泥防水材料作复合增强处理；

2）混凝土孔洞、混凝土疏松及不密实部位采取补强处理；

3）穿墙管根周围剔凿凹槽，采用化学注浆与刚柔防水密封材料作防水复合增强处理；

4）室外房屋建筑周围排水走势调整，使排水顺畅、墙根不积水。

4. 施工技术

4.1 地下室室内

4.1.1 剔凿、拆除

（1）底板：拆除地面瓷砖、木地板、地暖、地面混凝土、房心土至底板（筏板）结构面，并清理干净；

（2）侧墙：拆除涂浆层、壁纸、瓷砖、粘结层、抹灰层等至混凝土结构面，高度至地下室顶板，拆除部位清理、打磨干净。

（3）拆除需要防水部位的设备。

4.1.2 正在渗漏部位处理

正在渗漏部位采用丙烯酸盐注浆止水与水泥基刚性材料堵漏。

4.1.3 施工缝和混凝土裂缝部位

（1）施工缝和混凝土裂缝处切割出 20mm 宽、30mm 深左右的凹槽，将凹槽及两侧各 100mm 范围内混凝土表层清理干净并充分润湿；

（2）水泥基渗透结晶型防水涂料搅拌成均匀的浆料，涂刷于凹槽内，水泥基渗透结晶型防水材料拌制成粉团，将整个凹槽填满、压实；

（3）凹槽嵌填的水泥基渗透结晶型防水材料粉团表面发白时，涂刷水泥基渗透结晶型防水材料与水搅拌的浆料，涂刷范围延伸至凹槽外两侧各 100mm 范围；

（4）对嵌填与涂刷水泥基渗透结晶型防水材料的部位进行养护，初始养护采用雾状水，使其保持潮湿状态；24h 后可喷洒水养护，养护时间不少于 72h。

4.1.4 混凝土蜂窝、孔洞、疏松、不密实部位

（1）将混凝土有蜂窝、孔洞、疏松、不密实等缺陷部位剔除至混凝土坚实部位，剔除部位及外延各 150mm 范围内混凝土表层清理干净并充分润湿；

（2）剔除部位涂刷水泥基防水浆料；

（3）剔除部位深度超过 50mm 时，采用 C30 防水混凝土，将剔凿部位填满、压实；剔除部位深度小于 50mm 时，采用聚合物防渗砂浆，将剔凿部位分次填满、压实；

（4）嵌填的防水混凝土（防渗砂浆）表面发白时，涂刷水泥基渗透结晶型防水浆料，涂刷范围延伸至嵌填部位外延 150mm 范围。

（5）对水泥基渗透结晶型防水浆料部位进行养护，初始养护采用雾状水，使其保持潮湿状态；24h 后可喷洒水养护，养护时间不少于 72h。

4.1.5　穿墙管根部位

管根周围剔凿成凹槽，采用水泥基渗透结晶型防水材料和聚合物防水砂浆复合堵漏及化学注浆后，管根周围嵌填柔性密封材料。

4.1.6　底板面层防水

（1）面层处理。

底板结构混凝土表面及上返墙面清理干净，露出混凝土原表面，并对表面缺陷进行处理；防水基层应坚实、平整、干净，湿润但不得有明水。

（2）配制水泥基渗透结晶型防水涂料的浆料。

水泥基渗透结晶型防水材料与水按说明书要求的比例混合，采用电动搅拌器搅拌 3～5min，成均匀的浆糊状浆料；加水混合的浆料宜在 20min 内用完，施工过程中应不断搅动浆料，防止沉淀，但不得随意加水。

（3）涂布水泥基渗透结晶型涂料防水层。

1）水泥基渗透结晶型防水浆料分两遍涂刮于防水基层，每一遍涂层厚度为 0.5mm 左右，在上一遍涂层表干时开始涂刮下一遍涂层，并应交替改变涂刮方向。

2）水泥基渗透结晶型防水涂层总厚度与材料用量应符合设计要求。

3）养护：水泥基渗透结晶型防水涂层表面开始发白时，采用雾状水养护，使其保持干、湿交替状态；24h 后可喷洒水养护，养护时间不少于 72h。

（4）涂布聚合物水泥防水涂料防水层。

刚性防水层完成、完全硬化后，进行聚合物水泥防水涂料防水层施工。

1）细部加强处理：防水基层阴阳角及易活动部位采用聚合物水泥防水涂料作防水附加层（内夹胎体增强材料），附加层厚度不小于 1.0mm，宽度宜为 300mm。

2）涂布聚合物水泥防水涂料防水层：用毛刷、滚筒将聚合物水泥防水涂料均匀涂布在防水基层，涂层厚度宜分 3～4 遍完成，在上一遍涂层表干可以上人踩踏时开始涂刷下一遍涂层，并应交替改变涂刷方向（图 7）。

（5）保护层及地面恢复。

1）聚合物水泥防水涂料防水层上铺设隔离层，保护层采用 50mm 厚混凝土随打随抹，压实，两次收光；保护层表面发白时喷洒水养护，如不能及时恢复房心土，养护时间应不少于 168h。

2）房心土恢复。

厚度 500mm 的房心土，采用黄泥土分两遍回填、夯实。

3）恢复混凝土地面。

混凝土地面厚度为 80mm，随打随抹，压实、收光。

4.1.7　侧墙面层防水

（1）面层处理。

侧墙结构混凝土表面清理干净，露出混凝土原表面，并对表面缺陷进行处理；防水基层应坚实、平整、干净,湿润但不得有明水。

(2)水泥基渗透结晶型防水涂料的浆料配制、涂布、养护和聚合物水泥防水涂料防水层涂布技术要求见本文第4.1.6条底板面层防水中的相应内容。

(3)墙面防水层保护层采用12mm厚聚合物水泥砂浆,分两次抹压完成。

4.2 室外防水维修

4.2.1 地面向上墙面拆除

拆除地面向上600mm范围内墙面的干挂石材。

4.2.2 肥槽开挖

房屋周围墙根开挖肥槽,肥槽深度3.5m,肥槽上口宽度不小于2.5m,底面宽度不小于1.25m。

4.2.3 对原防水层及基层处理(图8)

(1)拆除侧墙原卷材防水层,底板留出卷材甩槎不小于150mm;

(2)对聚氨酯防水涂层进行清理,清除破损涂膜层,涂层表面清理干净;

(3)对防水基层缺陷部位进行修补;

(4)穿墙管根部位进行防水密封处理。

图7 室内防水层完成　　　　　　　　图8 室外防水基层

4.2.4 防水层施工

(1)涂布聚氨酯柔性防水涂层,厚度1.5mm分三遍涂布完成,在上一遍涂层表干时开始涂刷下一遍涂层,并应交替改变涂刷方向(图9);

(2)涂膜防水层完全固化后,涂刷聚合物水泥防水粘结料,铺贴聚乙烯丙纶防水卷材,卷材搭接宽度不小于100mm,搭接缝采用聚合物水泥防水涂料粘结密封(图10);

(3)新旧防水层搭接部位采用丁基胶带宽度作过渡层,搭接宽度不小于150mm;

(4)穿墙管根防水层收头进行固定、密封处理;

(5)外墙防水层高出室外地坪以上不小于500mm,防水层收头应进行固定密封处理。

4.2.5 防水保护层

防水层施工完成经验收合格后,采用点粘法错缝安装50mm厚挤塑板保护层,外侧砌120mm厚砖墙保护。

4.2.6 回填土施工

(1)距墙体800mm宽范围回填2:8灰土,其余部位素土回填(图11);

（2）回填土应分层夯实，每层厚度宜为 300mm（图 12）。

4.2.7 外墙干挂石材按原设计恢复

4.2.8 室外排水

（1）房屋周围地坪采用散排水，墙根不得积水；

（2）屋面雨水通过管道排入雨水井。

图 9 聚氨酯防水涂层

图 10 卷材防水层完成

图 11 恢复回填土

图 12 完成后地坪

5. 质量验收

（1）本工程使用的主要防水材料应具有材料质量资料，进场主要防水材料应进行见证抽样复验。

（2）本工程质量验收项目为室内、室外全部新做防水层。

（3）本工程质量检查、隐蔽工程验收应随工程进度即时进行。

（4）质量验收需要提供的资料：

1）防水维修方案及洽商变更记录；

2）材料产品合格证、质量检验报告、复验报告；

3）隐蔽工程验收记录。

（5）主控项目。

1）进场的主要防水材料应符合设计方案要求与相关标准的规定。

检验方法：检查产品出厂合格证、质量检验报告、抽样复检报告。

2）防水涂层的厚度符合设计方案要求，最小厚度不得小于设计方案厚度的90％。

检验方法：检查隐蔽工程验收记录。

3）防水维修部位不得有渗漏现象。

检验方法：雨后观察检查。

（6）一般项目。

1）防水涂层与基层粘结牢固，涂刷均匀，不得有空鼓、开裂、露胎体和翘边现象。

检验方法：观察检查与检查隐蔽工程验收记录。

2）刚柔复合防水层、涂料与卷材防水层粘结紧密。

检验方法：观察检查。

3）地下外墙防水层高出室外地坪以上不小于500mm。

检验方法：尺量检查。

6. 修缮效果

本地下室渗漏采用内外防治、多道设防、综合治理的措施，由专业施工队伍维修施工，工程于2017年10月完成，至今未出现任何渗漏与洇潮现象，治理效果良好，用户非常满意。

背覆式再生防水技术在地下修缮工程中的应用

京德益邦（北京）新材料科技有限公司　韩锋[1]

1. 工程概况

1.1　工程名称

北京某棚户区改造土地开发项目一标段地下车库堵漏维修工程（009 地块）。

1.2　工程所在地区

北京市朝阳区孙河乡。

1.3　工程特点

整体工程总建筑面积 572324.26m^2。其中地下建筑面积约 210660.09m^2，地上建筑面积约 361664.17m^2。其中包含 41 栋住宅楼、16 栋配套建筑，共计 57 个单体建筑。

1.4　原防水等级

一级设防。

1.5　原防水设防措施

地下室筏板为 60cm 抗渗混凝土，地下防水采用 0.7＋0.7mm 聚乙烯丙纶防水。

1.6　工程现状

项目在做筏板面层时发现渗漏水现象（图 1）。

(a)　　　　　　　　　　　　(b)　　　　　　　　　　　　(c)

图 1　工程现状

---

[1]［作者简介］ 韩锋，男，1974 年 2 月出生，京德益邦（北京）新材料科技有限公司，高级工程师，单位地址：北京市大兴区经济开发区金辅路甲 2 号 1 幢 3 层 B320 室。邮政编码：102600。联系电话：19920010883。

2. 渗漏原因

（1）防水层有缺陷，产生未知进水点；

（2）混凝土在浇筑过程中，振捣不均匀，漏振或超振，出现蜂窝麻面和孔洞，当出现贯通性孔洞时，就出现渗水或冒水现象；

（3）防水混凝土由于受到混凝土内水泥与水产生水化热、混凝土干缩、温度变化、沉降不一致等因素的影响，就会出现裂缝，当裂缝宽度达到或超过 0.2mm 且是贯穿性裂缝，一旦接触地下水或地面雨水，并产生一定水压力时，就会产生渗漏水。

3. 修缮方案

3.1 地下室底板修缮
整体修缮。

3.2 技术措施
背覆式再生防水技术。该项防水渗漏维修工程，根据现场渗漏情况及科学堵漏保护结构原则采用背覆式再生防水技术＋DZH 无机盐注浆料进行维修。

3.2.1 背覆式再生防水技术
背覆式再生防水技术：就是指在建筑物、构筑物结构的背水面采用钻孔的方法，在建筑物、构筑物结构的迎水面实施注浆，使受到破坏失去防水作用的防水层得到修复加固，而重新形成封闭的防水层，起到防水止漏的作用。

3.2.2 背覆式再生防水技术特点
（1）施工简单，操作方便，工期短、效率高。

（2）防水堵漏效果显著，注浆料一旦注入，在 5min 内即可达到防水堵漏的效果。

（3）微创施工，主体结构不受破坏。施工过程中，钻孔直径只有 20～50mm 不会影响主体结构的质量。

（4）施工后质量稳定，耐久性好。在高压作用下注浆料能够迅速地展开对防水层进行修复，并能够渗透到结构孔洞裂缝中进行填补修复加固。同时注浆料固化后能够将防水层和结构牢固地粘结成一体形成一体化防水系统，达到更加稳定长久的防水效果。

3.2.3 背覆式再生防水技术机理
在结构的背水面，采用深层钻孔高压注浆的方式，在结构的迎水面再生耐久防水层，实施修复加固，注浆料在挤压力作用下会渗透到结构的蜂窝、孔洞、裂缝等处填补修复。挤压力一般都在 1.5MPa 以上，防水混凝土透水压力一般小于 1.2MPa，这样注浆料就会渗透到结构体内，形成 1mm 以上的高弹性硅钙镁质凝胶体层，这样对结构体可起到加固的作用同时也起到防水的作用。注浆料固化后能够与结构牢固地粘结在一起，这样就形成了结构防水一体化。就能达到更高标准的防水等级，防水构造系统和主体结构更加稳定，抵抗不均匀沉降能力更强，耐久性更好。

3.3 防水修缮材料
DZH 无机盐注浆料。DZH 无机盐浆料是我公司自主研发的新一代高科技发明专利产品，具有独立的技术知识产权。目前该产品属于国内技术领先水平，可广泛用于建筑工程、矿山工程、地铁工程、隧道工程、水利工程、地质灾害防护等方面的防水、堵漏、加固。该产品具有独特的固水凝结特性、遇水反应后能将有害的水转化成高弹性防水凝胶体，达到以水防水、以水治水的效果。采用"背覆式再生防水技术"施工后，DZH 无机盐注浆料快速渗透到结构裂缝、孔洞、蜂窝、松散软弱层、结构外部迎水面等部位。注浆料自身和结构内的水发生反应后，在裂缝、孔洞、蜂窝、松散软弱层内形成高弹性、高强度的凝胶固结体，起到封堵加固的作用。在结构外部迎水面，能够将大量的流动水、泥砂等反应后固结成高弹性、高强度的凝胶体，同时能够将遭到破坏的原防水层破损处封堵修复，并能够在结构外部迎水面，形成高弹性、高强度的覆盖层而构成一个完全封闭的防水系统。从而能够达到防水堵漏加固的目的，能够起到长期防水和永久防水的作用。

3.3.1　产品技术标准

产品技术标准见表 1。

产品性能技术标准（JC/T 2037—2010）　　　　表 1

序号	项目		技术指标	
			Ⅰ型	Ⅱ型
1	外观		液体组分为不含颗粒的均质液体	
			粉体组分为不含凝结块的松散状粉体	
2	凝胶时间（s）		报告实测值	
3	有效固水量（%）	≥	100	200
4	不透水性（MPa）	≥	0.3	0.6
5	固砂体抗压强度（MPa）	≥	0.4	1.0
6	断裂伸长率（%）	≥	100	50
7	耐碱性		饱和氢氧化钠溶液泡 168h，表面无粉化、裂纹	
8	耐酸性		1%盐酸溶液泡 168h，表面无粉化、裂纹	
9	遇水膨胀率（%）	≥	20	100

3.3.2　产品性能特点

（1）双组分、无毒、无害、绿色环保。

（2）适应性强、应用面广，可用于各类工程细微裂缝的堵漏维修和大通道裂缝、大面积、大水量的防水、堵漏、加固维修等。

（3）施工简单、操作方便、工期短，一年四季室内外均可施工。

（4）吸水率强、固水量大、适用面广，注浆料能够吸收固化自身 2 倍以上的动态水，可广泛应用于混凝土结构、砖石结构、砂土结构等方面的防水堵漏、加固。

（5）弹性大、固结力强、后期强度高、防水堵漏效果好，注浆料能够进入渗透到任何缝隙、裂缝、构造松散处和砂土内，与水反应固结成高强度、高弹性的连续防水层。

（6）固化凝胶时间可以在数秒钟到数小时之间任意调整，可满足各类工程对注浆时间的要求。

（7）耐久性好，永久防水。注浆料为无机活性材料，耐酸碱、不易老化、不腐蚀钢筋、结合牢度好，因此具有永久防水性。

3.4　构造做法

在结构的背水面采用深层钻孔的方法和在结构体内采用高压注浆的方式，使受到破坏的结构得到修复而起到堵漏止水的作用。

构造做法图见图2。

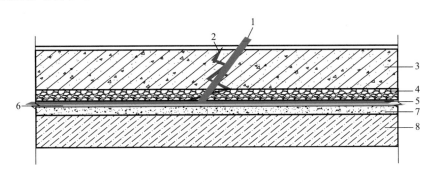

图2　构造做法图

1—注浆孔；2—结构裂缝；3—混凝土结构；4—防水保护层；5—注浆层；6—防水层；7—混凝土垫层；8—素土层

3.5　质量要求

合格。

4. 施工技术

4.1　施工工艺

工艺流程：清理基层→打注浆孔→设置注浆管→试探性注浆→二次注浆→再次注浆→封口等待→取下注浆外管接头→注浆口密封→验收。

4.1.1　清理基层

基层应清扫干净，清除表面、缝隙污染物等。

4.1.2　打注浆孔

清理完成打注浆孔。打注浆孔如遇钢筋时，应避开钢筋重新打孔。

4.1.3　设置注浆管

注浆孔打好后，设置注浆管，注浆管与出浆口位置接口处应设置密封膨胀胶圈，以防返浆现象。

4.1.4　试探性注浆

注浆管设置好后先试探注浆。试探性注浆时，注意压力表的反应，压力到初注浆压力的 0.5 个压力时停止注浆。

4.1.5　二次注浆

在试探性注浆 20min 后进行二次注浆，二次注浆时注意把注浆管调整到结构板内，注浆浆液出口调整到结构外壁处。然后进行注浆，注浆达到预计量时停止注浆。

4.1.6　第三次注浆

二次注浆过 10min 后进行第三次注浆，第三次注浆时注意当注浆压力表针加压时，应停止注浆，此时注浆完成。

4.1.7　封口等待

第三次注浆完成，停止注浆的同时，注浆技术人员应立即将注浆管的阀门关闭，以防返浆，等待浆液凝固。

4.1.8　取下注浆外管接头

等浆液凝固后，等待 10min 左右，被注浆液凝固后，取下注浆外管阀门接头。

4.1.9　注浆口密封

待注浆外管阀门接头取下后，用刚性水不漏进行密封口处理，处理注浆口密封时应本着与结构墙体平整、不得出现凹凸不平现象的原则。

4.1.10　验收

验收标准：结构墙面干燥，不得有渗漏现象。

地下室底板注浆示意图见图3。

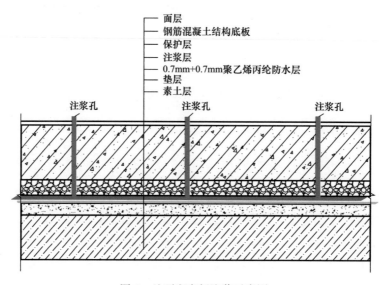

- 面层
- 钢筋混凝土结构底板
- 保护层
- 注浆层
- 0.7mm+0.7mm聚乙烯丙纶防水层
- 垫层
- 素土层

注浆孔　注浆孔　注浆孔

图3　地下室底板注浆示意图

4.2　施工过程质量控制措施

4.2.1　裂缝注浆

根据裂缝宽度、渗水量、透水压等情况进行科学施工。裂缝宽度2mm以下，渗水量少、透水压小的宜采用结构深层注浆堵漏技术进行修缮施工，宜采用丙烯酸盐注浆料。裂缝宽度大于2mm且渗水量和透水压高的宜采用背覆式再生防水技术进行修缮施工，宜采用无机盐注浆料。

注浆孔应交叉设置在裂缝两侧，孔间距离为300～800mm，钻孔与裂缝水平距离为100～300mm，钻孔时应倾斜40°～60°角斜穿过裂缝。采用结构深层注浆堵漏技术时，注浆孔深度为混凝土结构厚度的1/2左右。采用背覆式再生防水技术时，钻孔应打穿结构至保护层或防水层。注浆孔示意图见图4。

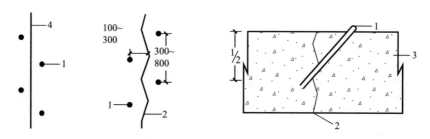

图4　注浆孔示意图

4.2.2 变形缝、后浇带部位注浆

注浆孔应交叉设置在变形缝、后浇带缝两侧，孔间距离为 500～1000mm，钻孔时采用倾斜 40°～60°的角度进行钻孔。钻孔应避开止水带，打到止水带后面。深层注浆技术，注浆孔深度为混凝土结构厚度的 1/3 左右，钻孔应穿过变形缝、后浇带缝。

背覆式再生防水技术注浆孔深度应打穿混凝土结构至防水层、防水保护层。

4.2.3 注浆压力控制和注浆料用量

注浆压力 0.2～1.5MPa，注浆量每孔 0.5～3.0kg。

4.2.4 注浆后修复

注浆结束后，将注浆针头（管）拔出，将裂缝处注浆料清理干净，然后用水不漏将注浆孔填实抹平，用聚合水泥防水涂料涂刷两遍。

5. 修缮效果

我司在考察了现场后，根据多年的防水施工与维修经验，结合现场实际情况，采用背覆式再生防水技术＋DZH 无机盐注浆液防水方案。本次施工，我公司结合对材料的研究分析，创新施工工艺，施工效果达到预期要求，有效解决了地下室渗漏水难题，延长了混凝土工程的使用寿命，保障了建筑的使用安全；为施工企业节约了材料、人力、物力，降低施工成本，为国家节约了大量维修资金。

本工程维修，我公司从 2021 年 9 月进入施工，至 2021 年 10 月修缮完成，总工期 61d，按照公司制定的维修方案，圆满完成维修任务。修缮效果图见图 5。

| (a) | (b) | (c) |

图 5　修缮效果图

广州金沙洲医院二期放疗中心渗漏水修缮技术

南京康泰建筑灌浆科技有限公司　　陈森森[1]　王军　李康　孙晨让

1. 工程概况

　　整个工程分为地下三层，地上两层。其中地下结构又分医疗区、车库人防区两部分。医疗区的渗漏集中在外侧墙和底板，以施工缝、不规则裂缝为主。车库人防区的渗漏集中在底板后浇带区域。迎水面防水层出现破损，结构自防水失效，总体渗水量较大，加之广东地区每年雨季降雨量大，形势相当严峻。渗漏水情况见图1、图2。

图1　底板渗漏水情况　　　　　　　　　　　图2　顶板渗漏水情况

2. 渗漏原因

2.1　施工缝、冷缝渗漏水

　　（1）结构混凝土浇筑前纵向水平施工缝面上的泥砂清理不干净；

　　（2）纵向水平施工缝凿毛不彻底，积水未排干；

　　（3）施工缝处钢板止水带未居中或接头焊接有缺陷；

　　（4）施工缝混凝土浇筑时漏浆或振捣不密实；

　　（5）现浇衬砌施工缝止水带安装不到位，振捣造成止水带偏移。

2.2　后浇带渗漏水

　　设计原因：对地下室防水工程的重要性认识不足，认为局部渗漏对结构和使用影响不大，没有对所建结构地下水环境进行分析，在设计中对防水工程不按等级要求处理，缺乏有效的防水方案，造成后浇带渗漏。

　　施工原因：

　　（1）施工组织不当，后浇带两侧上部结构浇灌混凝土的落差较大，以及设计中存在着

---

[1]［第一作者简介］陈森森，男，1973年5月出生，南京康泰建筑灌浆科技有限公司，正高级工程师，单位地址：江苏省南京市栖霞区万达茂中心C座1608室（210000）。联系电话：13905105067。

局部不合理的现象，使得后浇带接缝处产生过大的拉应力。

（2）后浇带在底板位置处长时间的暴露，而使接缝处的表面沾了泥污，又未认真处理，严重影响了新老混凝土的结合。

（3）施工缝做法不当，特别是后浇带两端，往往将施工缝留成直缝。

（4）后浇带部位的混凝土施工过早，而后浇带两侧结构混凝土收缩变形尚未完成。

（5）柔性防水材料本身性能的局限性，防水层的抗拉强度低，延伸率小，抗裂性好，对温度变化较敏感，在遇到不利因素影响时，往往经受不住各种应力的作用而被破坏。

（6）浇灌前对后浇带混凝土接缝的界面局部有遗留的零星模板碎片或残渣未能清除干净。

（7）垫层上做好的防水层在灌注底板混凝土前遭到破坏（如被坠物砸伤）未作修补就灌筑后浇带混凝土，留下隐患。

2.3　表面不规则裂缝渗漏水

现浇衬砌也会因各种原因出现结构裂缝，如材料使用不当（原材料质量差、配比不合理），施工质量存在缺陷（拆模早、养护不及时、混凝土离析），外界环境（温度、湿度）不良影响等因素，都有可能引起混凝土裂缝发生。水平方向和斜向裂缝作为结构性裂缝，尤其需要灌注改性环氧结构的同时需要骑缝植筋加固。

2.4　结构面混凝土缺陷渗漏水

结构面的混凝土缺陷，主要是：

（1）由于振捣方法不当或者模板质量缺陷等导致混凝土浇筑不密实而引起；

（2）大体积混凝土浇筑，温度收缩裂缝；

（3）冬期施工，温差大造成的裂缝；

（4）材料引起的裂缝；

（5）收面时机不恰当造成的浅表裂缝；

（6）结构稳定期，存在稳定期正常沉降造成的裂缝。

当外界水压大于此处混凝土抗渗压力时，就出现渗漏水现象，主要表现为点渗漏和面渗漏。

2.5　变形缝、诱导缝渗漏水（二期通道与车库交界、车库坡道和车库主体、设计设置变形缝等位置）

（1）结构沉降或变形不均匀导致内外止水带被撕裂，以及搭接头焊接不牢固、施工时遭破坏穿洞、地表的水压力太大超出设计止水带能承受的压力等，如遇外防水也存在隐患而失效，就会造成诱导缝、变形缝漏水。这个主要涉及对结构外的围岩基础的稳定性和坚固性考虑措施不够充分和重视，而造成沉降，还有对结构和围岩之间的空腔，存水和积水，没有注意考虑回填灌浆的步骤，而造成积水形成水压，对橡胶止水带造成破坏。

（2）止水带一侧的混凝土未振捣密实，会在其周围形成渗水通道。

（3）在夏季高温季节浇筑混凝土时，昼夜温差较大，由于结构收缩而导致变形缝处止水带一侧出现空隙，从而形成渗水通道，导致漏水。

（4）前施工队伍不正确地施工，造成缝内污染严重，防水失效。

（5）车辆通行的时候对结构有一定的震动扰动，造成变形缝变形量大且频繁，止水带疲劳造成功能失效，需要优化现有防水堵漏设计。

（6）变形缝填塞密封胶的不规范操作。

2.6　其他部件

设备安装件的管头、钢筋头、拉筋孔以及留在结构内的工字钢、格构柱等预埋件处防水密封处理不好，也常出现渗漏。

3. 修缮方案

3.1　衰减池部分

（1）水池靠外侧墙（和桩基围护结构交接的），主要防止结构裂缝和缺陷，渗漏水造成结构内锈胀开裂，影响结构的耐久性和抗水压的能力，防止水池内重金属水渗漏到周边的地质中，造成周边地下水的重金属辐射性污染，引起环保检查和周边居民的恐慌。

首先，仔细排查结构表面的裂缝，对肉眼能发现的裂缝，灌注改性的环氧结构胶（延伸率在5％左右的韧性环氧），很多裂缝是结构性收缩和温度收缩性裂缝，具备一定的细小变形。所以需要韧性的改性环氧。对结构上的施工缝（边墙纵向施工缝）进行灌注改性的环氧结构胶（延伸率在8％左右的韧性环氧）。还有对所有的拉筋的根部3cm范围进行凿除，采用环氧砂浆修复，对渗漏水的拉筋，还需要采用斜向针孔法灌注改性环氧结构胶进行堵漏。

其次，建议打穿结构，对结构后面的存水空腔进行水泥基无收缩灌浆材料回填灌浆，把空腔水变成裂隙水，把压力水变成微压力水。

最后对水池的内侧表面墙，做防水措施和防辐射措施。打磨表面的碳化层、氧化层、污染层到原来混凝土新鲜坚实的基层，清理干净，对阴角切槽3～4cm深度，清理干净，填塞改性耐潮湿的环氧弹性密封胶，然后再填塞环氧改性聚硫密封胶，采用喷涂的改性具备抗辐射的环氧腻子（改性环氧腻子中加入沉淀硫酸钡抗辐射粉料的一种涂料）1～2mm的厚度，然后再涂刷具备一定弹性的环氧树脂涂料，喷射细小石英砂，最后喷涂1.2mm厚的防腐防水特种聚脲防水涂料。

（2）水池和办公区的中隔墙，首先在水池内侧仔细排查结构表面的裂缝，对肉眼能发现的裂缝，灌注改性的环氧结构胶（延伸率在5％左右的韧性环氧），很多裂缝是结构性收缩和温度收缩性裂缝，具备一定的细小变形。所以需要韧性的改性环氧。对结构上的施工缝（边墙纵向施工缝）进行灌注改性的环氧结构胶（延伸率在8％左右的韧性环氧）。还有对所有的拉筋的根部3cm范围进行凿除，采用环氧砂浆修复，对渗漏水的拉筋，还需要采用斜向针孔法灌注改性环氧结构胶进行堵漏。进行蓄水试验，检查堵漏效果和遗漏的没有能发现的裂缝，在外侧墙发现渗漏水的位置对应内侧找渗漏水的裂缝进行再次防水堵漏措施。然后再蓄水检查效果。

其次，在办公区侧的水池外墙，打磨表面的碳化层、氧化层、污染层到原来混凝土新鲜坚实的基层，清理干净，采用喷涂的改性具备抗辐射的环氧腻子（改性环氧腻子中加入沉淀硫酸钡抗辐射粉料的一种涂料）1～2mm的厚度。

最后采用砖墙砌筑离壁沟，离墙5cm，墙厚度6cm，高度6cm左右，沟底部和内侧做防水砂浆，顺坡向结构排水管引排，在沟上方的墙上贴保温苯板，厚度5cm，在水沟沿上砌墙，厚度6cm，采用防辐射砂浆粉刷和防辐射涂料装修2cm厚度。采取保温墙的目的是减少因为内外温差和广州潮湿闷热的天气造成的凝结水，可以和医院地下空间内的除湿机一起减少空间的潮湿度，杜绝墙上的结露和凝结水（矿泉水和保温杯中装满水，放进冰箱，夏天的时候拿出来后，矿泉水瓶的外面会有凝结水，而保温杯的外侧没有凝结水，就是这样的生活常识来类比此保温墙的工法）。

（3）水池内的中隔墙，首先在水池内侧仔细排查结构表面的裂缝，对肉眼能发现的裂缝，灌注改性的环氧结构胶（延伸率在5％左右的韧性环氧），很多裂缝是结构性收缩和温度收缩性裂缝，具备一定的细小变形。所以需要韧性的改性环氧。对结构上的施工缝（边墙纵向施工缝）进行灌注改性的环氧结构胶（延伸率在8％左右的韧性环氧）。还有对所有的拉筋的根部3cm范围进行凿除，采用环氧砂浆修复。

3.2　结构边墙及顶板

首先，仔细排查边墙和顶板结构表面的裂缝，对肉眼能发现的裂缝，灌注改性的环氧结构胶（延伸率在5％左右的韧性环氧），很多裂缝是结构性收缩和温度收缩性裂缝，具备一定的细小变形。所以需要韧性的改性环氧。对结构上的施工缝（边墙纵向施工缝）进行灌注改性的环氧结构胶（延伸率在8％左右的韧性环氧）。还有对所有的拉筋的根部3cm范围进行凿除，采用环氧砂浆修复，对渗漏水的拉筋，还需要采用斜向针孔法灌注改性环氧结构胶进行堵漏。

其次，建议打穿结构，对结构后面的存水空腔进行水泥基无收缩灌浆材料回填灌浆，把空腔水变成裂隙水，把压力水变成微压力水。检查堵漏效果和遗漏的没有能发现的裂缝，再次采用防水堵漏措施。

最后再打磨表面的碳化层、氧化层、污染层到原来混凝土新鲜坚实的基层，清理干净，涂刷具备一定弹性的环氧树脂涂料，喷射细小石英砂，增加后面砂浆层的附着力。采用防辐射砂浆和防辐射涂料。

对于顶板上面的露天的防水层TPO材料，对细节部分需要处理，对和外部结构接触的采用丁基耐候性胶带和非固化密封胶相结合来封闭，减少从细节部位渗漏水的可能。

3.3　结构底板渗漏水

首先采用干粉法查找渗水缝和渗水点，仔细排查底板结构表面的裂缝，对肉眼能发现的裂缝，灌注改性的环氧结构胶（延伸率在5％左右的韧性环氧），很多裂缝是结构性收缩和温度收缩性裂缝，具备一定的细小变形。所以需要韧性的改性环氧。对不密实的部位采用梅花形针孔法布置注浆孔，采用控制灌浆的工法，灌注低黏度改性耐潮湿环氧材料。

如果是渗漏的阴角，除注浆外，应将阴角部位切槽30～40mm深度，清理干净，填塞改性耐潮湿的环氧弹性密封胶，然后再填塞环氧改性聚硫密封胶。

建议打穿结构，对结构后面的存水空腔进行水泥基无收缩灌浆材料和水泥基水中不分散等回填灌浆，把空腔水变成裂隙水，把压力水变成微压力水，把无序水变成有序水，把分散水变成集中水，并且能检查堵漏效果和遗漏的没有能暴露发现的裂缝。

最后再打磨表面的碳化层、氧化层、污染层到原来混凝土新鲜坚实的基层，清理干净，涂刷具备一定弹性的环氧树脂涂料。

最后对车库渗漏水严重的侧墙、底板位置，建议钻透结构，开泄压孔、布置排水管引排至集水井。实现堵排结合、以堵为主、以排为辅、限量排放、综合整治的基本原则，底板上的排水沟槽结构布置示意图见图3、图4。

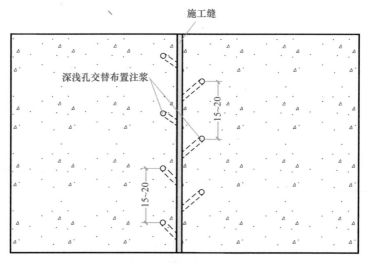

图 3　排水沟槽截面图

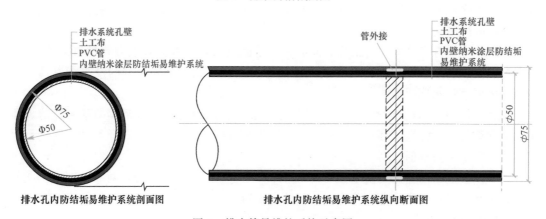

图 4　排水管易维护系统示意图

3.4　施工缝、后浇带

用微损的办法—针孔斜侧钻孔法灌注低黏度耐水耐潮湿型改性环氧灌浆料（符合《混凝土裂缝用环氧树脂灌浆材料》JC/T 1041—2007、《工程结构加固材料安全性鉴定技术规范》GB 50728—2011 的要求），堵漏的同时补强加固。灌浆材料采用 KT—CSS 系列环氧灌浆料，这些材料固化快、无溶剂、黏度低，并有很强的粘结强度，让有裂缝处的衬砌混凝土恢复形成一个整体，防止因振动扰动变形再重新出现裂缝。施工缝处理示意图见图 5。

3.5　不规则裂缝渗漏水

采用针孔法化学灌浆，灌 KT—CSS 系列环氧树脂结构胶；对麻面坑洞，凿除松动的部分，并用聚合物修补砂浆或环氧砂浆进行修补。先用切割机沿缝切成 V 形槽，宽度 20mm，深度 20mm，并清理干净后嵌填特种胶泥，然后沿着缝的两边，打注浆孔至 1/3～1/2 处，灌注特种改性环氧注浆材料，见图 6、图 7，确保灌浆饱满度超过国家规范要求的 85%，见图 8。

用针孔法灌注 KT—CSS 耐潮湿低黏度无溶剂环氧建筑结构胶后，然后沿缝填环氧弹性封闭胶或高触变快速聚硫密封胶。

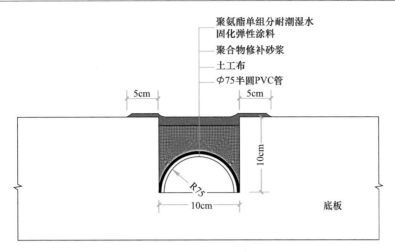

图 5   施工缝处理示意图

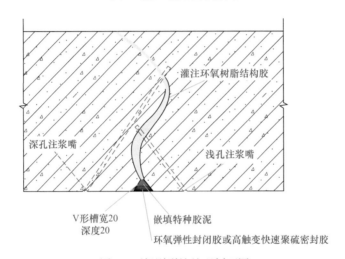

图 6   不规则裂缝处理剖面图

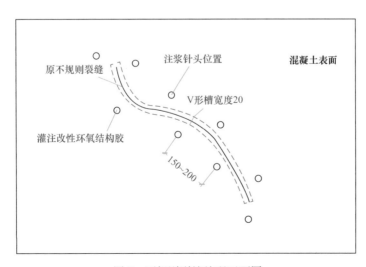

图 7   不规则裂缝处理正面图

1 当加固设计对修复混凝土裂缝有恢复截面整体性要求时，应在设计图上规定：当胶粘材料到达7d固化期时，应立即钻取芯样进行检验。

2 钻取芯样应符合下列规定：
    1) 取样的部位应由设计单位决定；
    2) 取样的数量应按裂缝注射或注浆的分区确定，但每区不应少于2个芯样；
    3) 芯样应骑缝钻取，但应避开内部钢筋；
    4) 芯样的直径不应小于50mm；
    5) 取芯造成的孔洞，应立即采用强度等级较原构件提高一级的细石混凝土填实。

3 芯样检验应采用劈裂抗拉强度测定方法。当检验结果符合下列条件之一时应判为符合设计要求：
    1) 沿裂缝方向施加的劈力，其破坏应发生在混凝土内部，即内聚破坏；
    2) 破坏虽有部分发生在裂缝界面上，但这部分破坏面积不大于破坏面总面积的15%。

图8 裂缝修补要求

3.6 结构面渗漏水

结构大面积渗漏水，渗漏水较大时，先灌注聚氨酯灌浆材料、水泥基高强复合无收缩胶凝灌浆材料到结构背后止住水；然后再对结构补充灌注低黏度耐水耐潮湿型改性环氧灌浆料，作补强加固。对麻面渗水，渗水量不大的，采用梅花型针孔灌浆法灌注低黏度耐水耐潮湿型改性环氧灌浆料，作堵漏和补强加固。对无法灌浆的微细缝隙（缝隙在0.01 mm以下）渗漏部位，可涂刷水泥基渗透结晶型防水材料，让渗透性强的结晶体填满渗潮部位细小的渗水通道。用以上方法恢复有缺陷混凝土的密实度和结构整体性，把水挤出二衬的裂隙和孔隙，再用水泥基类刚性抗渗砂浆喷涂或刮涂，增强结构的抗渗效果，起到防水、加固双重作用。最后在整治范围扩大30cm的面积上用打磨机清理结构表面，涂刷渗透性环氧界面剂，用环氧腻子在此面积粉刷10mm厚度，确保此范围永久性防水，如图9所示。

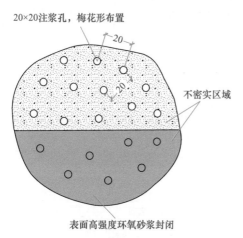

20×20注浆孔，梅花形布置

不密实区域

表面高强度环氧砂浆封闭

图9 结构面渗漏水处理示意图

3.7 其他部件

管件、钢筋头、格构柱等预埋件，以格构柱为例，在后期使用中极有可能出现渗漏水，建议对所有的格构柱（不管是否发生渗漏）都要进行防水处理（其他预埋件也是如此），后浇带也是极易渗漏水的隐患，建议对所有的后浇带进行处理。钢结构两侧开槽（5cm深、5cm宽），使用环氧砂浆及环氧改性的弹性密封胶进行封闭，深浅孔布置注浆孔，灌注改性环氧结构胶。构造中间采用梅花形注浆孔布置，灌注改性环氧结构胶，完成后表面再用环氧砂浆进行封闭处理，如图10、图11所示。

穿墙管两侧钻深浅孔，接触到管件为止，采用 ϕ14 的注浆嘴灌注高弹性耐潮湿改性环氧结构胶，待环氧固化后拆除针头。根部堵漏完成后，再开槽填嵌环氧砂浆和弹性密封胶，如图12所示。

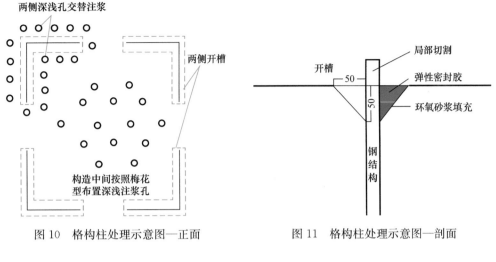

图 10 格构柱处理示意图—正面   图 11 格构柱处理示意图—剖面

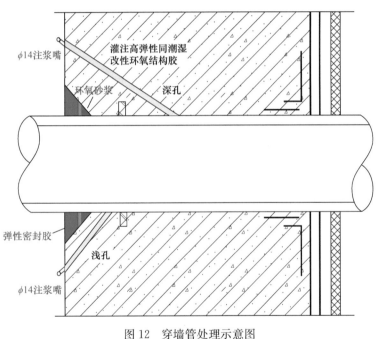

图 12 穿墙管处理示意图

4. 施工技术

组织人员阶段性处理医疗区、车库人防区渗漏问题，按照工序，分组流水化作业。提升施工效率的同时，更注重施工的细节和质量，保证严格按照施工方案进行处理。如图 13、图 14 所示。

5. 修缮效果

利用材料复合、工法组合、设备配合、工艺融合进行综合治理，以堵为主，以排为辅，解决了现有的渗漏问题，经业主、甲方验收质量合格。底板施工后情况见图 15。

图 13　底板注浆过程中

图 14　顶板裂缝处理施工

图 15　底板施工后情况

逆作法防水技术在江苏某国际中心渗漏修复工程中应用

江苏光跃节能科技有限责任公司　杨树东[1]

苏州新起点工程技术咨询服务有限公司　沈君

1. 工程概况

江苏某国际中心，位于江苏省南京市，钢筋混凝土框架—核芯筒结构形式。

地下 3 层、南区塔楼地上 26 层，北区塔楼地上 27 层，裙房地上 3 层，底板厚度均为 2000mm。总建筑面积约 150000m^2，原结构高度约 78m，原防水设计二级，结构自防水。

结构现存问题：本项目为钢筋混凝土筏形基础，筏板厚度 2000mm。在施工过程中发现基础底板出现大量裂缝并形成渗水，经国家建筑工程质量检测中心进行现场检测，发现底板内部裂缝已形成较多的渗水通道，严重影响结构耐久性。

2. 修缮方案

（1）采用降水措施，将底板范围内水位降到底板底面以下；

（2）原底板裂缝进行灌缝、修补处理；

（3）全底板范围内涂刷水泥基渗透结晶型防水材料；

（4）部分底板开裂严重的区域喷涂聚氨酯防水材料；

（5）对部分裂缝粘贴碳纤维进行加固；

（6）为彻底解决该底板的开裂缝渗漏问题，采用逆作法迎水面及结构断面修复技术、分层注浆技术、高渗透施工技术进行结构底板开裂缝及相关缺陷部位的修复。

3. 施工技术

3.1　概述

底板的开裂缝首先要在降水完成的情况下进行。施工期地下水水位在底板范围内必须降到底板板底以下，即 $-15.6m$ 以下。灌缝施工开始前应对现有底板裂缝进行全面的调查，包括裂缝长度、宽度、位置并进行编号、记录，以便于将来判断灌缝施工效果及是否有新裂缝产生。

底板裂缝的灌缝不能采用普通的压力灌浆，而是采用分层注浆的方法进行。对裂缝顺序进行低压慢速灌浆和高压快速灌浆，低压慢速灌浆可以保证较宽的裂缝内部被浆体封闭，且由于采用的是改性环氧树脂，有较好的变形性能，可有效阻止裂缝进一步开裂。高压快速灌浆采用自配水溶性乳液进行，流动性很好，可以进入低压灌浆难以达到的较细裂缝中，彻底封闭底板内的过水通道，达到彻底堵漏的效果。在底板裂缝修补完成后应静置

---

[1]［第一作者简介］ 杨树东，男，1969 年 10 月出生，江苏光跃节能科技有限责任公司，工程师，单位地址：响水县黄海路东、双园路北。联系电话：13911365763。

观察 7d 左右，看是否还有地下水渗漏现象发生，如仍有渗漏应对发生渗漏的区域进行补灌处理。

3.2　材料要求

3.2.1　材料基本要求

（1）低压慢速灌浆材料为改性环氧树脂，抗压强度为 700～1200kg/cm，抗张强度为 70～300kg/cm，抗弯强度为 300～850kg/cm，劈裂粘结强度：干缝为 19～31kg/cm、有水缝为 13～19kg/cm，浆材起始黏度 η（25℃）为 6～150cp。

（2）高压快速灌浆材料为自配水溶性乳液。

（3）浆液的黏度小，可灌性好。

（4）浆液固化后的收缩性小，抗渗性好。

（5）浆液固化时间可以调节，灌浆工艺简便。

（6）浆液应为无毒或低毒材料。

3.2.2　改性环氧树脂材料组成

低压慢速灌浆材料采用改性环氧树脂，在工程中应用时浆液应进行试配，其可灌性和固化时间应满足设计、施工要求。浆液配方参照表 1。

环氧树脂浆液配方　　　　　　　　　　　　　　　　　　　　　　　　　　　表 1

材料名称	规格	配合比（重量比）				
		1	2	3	4	5
环氧树脂	6101 号或 634 号	100	100	100	100	100
糠醛	工业	—	20～25	—	50	50
丙酮	工业	—	20～25	—	60	60
邻本二甲酸二丁酯	工业	—	—	10	—	—
甲苯	工业	30～40	—	50	—	—
苯酚	工业	—	—	—	—	10
乙二胺	工业	8～10	15～20	8～10	20	20
使用功能		1d 后固化，流动性稍差	2d 后为弹性体，流动性较好	1d 后固化，流动性较好	6d 后为弹性体，流动性很好	7d 后为弹性体，流动性很好

3.2.3　自配水溶性乳液材料组成

低压慢速灌浆材料采用自配水溶性乳液，在工程中应用时浆液应进行试配，配制方法及性能应满足以下要求：

（1）自配水溶性乳液以丙烯酰胺为主剂，甲撑双丙烯酰胺为交联剂，配以其他材料组成的化学灌浆材料。再依现场资料在实验室进行配方试验确定；

（2）对于一般裂缝，自配水溶性乳液浆液浓度为 10%，丙烯酰胺和甲撑双丙烯酰胺的比例固定在 95∶5；

（3）对有涌水现象的裂缝，自配水溶性乳液浓度提高至 12%～15%；

（4）对裂缝宽度<0.3mm 的细裂缝，自配水溶性乳液浓度提高至 12%；

（5）浆液应分批配制，两液双组分按 1∶1 配比灌注，一边配比混合，一边灌浆施工；

（6）丙烯酰胺浓度为 10％的凝胶固砂体抗压强度应达到 0.2～0.8MPa，渗透系数达到 $2×10^{-10}$ cm/s。

3.3 施工要求

3.3.1 灌浆法施工工艺

应将裂缝构成一个密闭性空腔，有控制预留进出口，借助专用灌浆泵将浆液压入缝隙并使之填满。

灌浆施工工艺流程如图 1 所示进行。

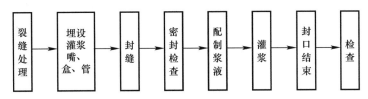

图 1 灌浆工艺流程图

3.3.2 裂缝处理

本工程中裂缝处理采用钻孔法进行。对于走向不规则的裂缝，除骑缝钻孔外，需加钻斜孔，扩大灌浆通路。钻孔直径为 50mm，钻孔深度为 660mm，钻孔间距为 20～100cm。钻孔后应清除孔内的碎屑粉尘。

3.3.3 埋设灌浆嘴（盒、管）

在裂缝交叉处、较宽处、端部以及裂缝贯穿处，钻孔内埋设特制分层注浆灌嘴，并用专用内六角扳手拧紧，使灌浆嘴周围与钻孔之间无空隙，不漏水。其间距当缝宽小于 1mm 时为 350～500mm，当缝宽大于 1mm 时为 500～1000mm。在一条裂缝上必须有进浆嘴、排气嘴、出浆嘴。

3.3.4 封缝

用高压清洗机以 6MPa 的压力向灌浆嘴内注入洁净水，观察出水点情况，并将缝内粉尘清洗干净。将洗缝时出现渗水的裂缝表面用环氧胶泥进行封闭处理，目的是在灌化学浆时不跑浆。

对于裂缝可用环氧树脂胶泥封闭。先在裂缝两侧（宽 20～30mm）涂一层环氧树脂基液，后抹一层厚 1mm 左右、宽 20～30mm 的环氧树脂胶泥。抹胶泥时应防止产生小孔和气泡，要刮平整，保证封闭可靠。环氧胶泥配方见表 2。

环氧胶泥配方 表 2

材料名称	规格	配合比（重量比）	
		1	2
环氧树脂	6101 号或 634 号	100	100
邻苯二甲酸二丁酯甲苯	工业	30	10
二乙烯三胺或（乙二胺）	工业	—	10
水泥	工业	13～15	13～15
		（8～10）	（8～10）
		350～400	350～400
		（250～300）	（250～350）

注：括号内水泥用量为封缝用。

3.3.5 灌浆

（1）裂缝封闭后应进行压气试漏，检查封闭效果。试漏需待封缝胶泥和砂浆有一定强度时进行。试漏前沿裂缝涂一层肥皂水，从灌浆嘴通入压缩空气，凡漏气处，应予修补密封至不漏为止。

（2）浆液配制应按照不同浆材的配方及配制方法进行。浆液一次配备数量，需以浆液的凝固时间及进浆速度来确定。

（3）灌浆机具、器具及管子在灌浆前应进行检查，运行正常时方可使用。接通管路，打开所有灌浆嘴上的阀门，用压缩空气将孔道及裂缝吹干净。

（4）根据裂缝区域大小，可采用单孔灌浆或分区群孔灌浆。在一条裂缝上灌浆可由一端到另一端。

（5）低压灌浆：使用高压灌浆机向灌浆孔内灌注改性环氧树脂，灌浆压力保持0.2MPa。平面从一端开始，单孔逐一连续进行。当相邻孔开始出浆后，保持压力3～5min，即可停止本孔灌浆，改注相邻灌浆孔。

（6）高压灌浆：环氧树脂达到强度后，使用高压灌浆机向灌浆孔内灌注自配水溶性乳液，灌浆压力保持2MPa。平面从一端开始，单孔逐一连续进行。当相邻孔开始出浆后，保持压力3～5min，即可停止本孔灌浆，改注相邻灌浆孔。

（7）灌浆停止的标志为吸浆率小于0.1L/min，再继续压注几分钟即可停止灌浆，关掉进浆嘴上的转芯阀门。

（8）灌浆结束后，应立即拆除管道，并清洗干净。化学灌浆还应用丙酮冲洗管道和设备。

（9）待缝内浆液达到初凝而不外流时，可拆下灌浆嘴（盒），再用环氧树脂胶泥和深入水泥的灌浆液把灌浆嘴处抹平封口。

（10）清洗灌浆嘴（盒）上的浆液，化学浆液可用后烧掉，清洗干净的灌浆嘴（盒）可以重复使用。

（11）灌浆结束后，应检查补强效果和质量，发现缺陷应及时补救，确保工程质量。

3.3.6 工程质量及验收

（1）灌浆材料的质量均应符合本方案规定和有关标准的要求。

（2）用压缩空气或压力水检查灌浆是否密实。

（3）检查无渗漏交付。

4. 修缮效果

本工程经过8个月治理施工，顺利通过监理及设计和相关单位联合验收。该项目在2007年2月交付甲方运营使用至今防治效果良好，整个工程修复部位再未发现渗水、漏水现象。

工程照片：

（1）修缮前项目渗漏图片，地面积水深达100mm（图2）。

（2）工程施工过程图片（图3～图7）。

（3）修缮后现场效果图片（图8）。

图 2　修缮前项目渗漏图片

图 3　开裂缝普查高压清洗地面　　图 4　开裂缝普查地面画线标注

(a)　　　　　　　　　　　　　　　(b)

(c)

图 5　分层注浆照片

(a)　　　　　　　　　　　　　　(b)

图 6　验收过程照片

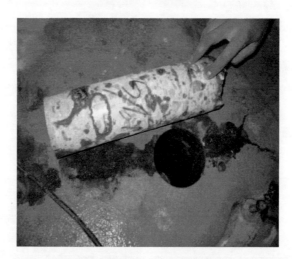

图 7　现场取芯并标注验收照片

(a)　　　　　　　　　　　　　　(b)

图 8　竣工现场效果照片

北京科学中心地下渗漏治理技术

北京海川锦成科技有限公司　霍红利[1]　霍龙　郭聪

1. 工程概况

中国科技馆是我国唯一的国家级综合性科技馆，是实施科教兴国战略、人才强国战略和创新驱动发展战略，提高全民科学素质的大型科普基础设施。

中国科技馆新馆位于朝阳区北辰东路 5 号，东临亚运居住区，西濒奥运水系，南依奥运主体育场，北望森林公园。建筑面积 10.2 万 m^2，其中展览面积 4 万 m^2，展教面积 4.88 万 m^2。本项目地下共三层，地下结构外围采用卷材防水，暑往寒来，中国科技馆已走过 30 余年的历程，地下三层筏板、外墙、地下一、二层外墙渗漏严重（图 1）。

(a)   (b)   (c)

图 1　地下室渗漏情况

2. 渗漏原因

经现场勘查造成该地下室渗漏主要有以下几点原因：

（1）该工程防水层选材不当，该项目地下三层，埋深大于 10m，选择了耐久性较差的有机防水卷材。

（2）混凝土存在浇筑不密实的现象，蜂窝麻面较多。

（3）施工缝处理不当，渗漏严重。

（4）墙体裂缝、拉杆螺栓、穿墙管等细部节点处理不到位，导致渗漏。

（5）防水构造不科学，建筑周围回填土普遍下沉，带动卷材防水层向下滑移、撕裂，破坏了防水层整体性；侧墙卷材防水层出地面收头普遍张口，雨水从张口部位进入防水层，形成窜水，造成大面积渗漏。

---

[1][第一作者简介]　霍红利，女，北京海川锦成科技有限公司项目经理，单位地址：北京市通州区九棵树金成中心 2106 北京海川锦成科技有限公司。联系电话：15711013697。

3. 修缮方案

3.1　修缮方案考虑的要素

（1）该地下防水工程防水等级为一级，防水标准为不允许渗水，结构表面应无湿渍。

（2）地下室外墙防水层基本失效，室内渗漏严重，不再考虑原结构外围的柔性防水层的有效性。

（3）选用的防水材料与防水构造应有针对性、可靠性、可操作性、环保性和经济合理性。

3.2　基本方案

鉴于目前社会上地下室结构外防水卷材存在渗漏的问题较多，国家强调建筑耐久、环保、地下室防水加强混凝土结构自防水的背景下，结合结构自愈合防水材料的性能，确保使用结构自愈合防水系统处理工艺后地下室防水达到一级防水的标准，表面干燥、无渗漏。我公司提供地下室解决方案如下：

3.2.1　细部做法

（1）施工缝及混凝土裂缝剃凿成呈 30mm 宽、30～50mm 深的 U 形槽，采用 HC—T30 结构自愈合胶泥材料填补凹槽；

（2）混凝土结构疏松、孔洞及振捣不密实部位采用北京海川 HC 结构加强工艺处理；

（3）穿墙管根周围剃凿凹槽，采用 HC—ZP 和 HC—T30 做防水增强处理。

处理和整体涂刷见图 2～图 5。

图 2　拉杆螺栓、裂缝处理　　　图 3　管根处理　　　　　图 4　整体涂刷

　　　（a）　　　　　　　　　　（b）　　　　　　　　　　（c）

图 5　疏松面处理

3.2.2 整体做法

地下三层筏板及－1、－2、－3层外墙，采用结构自愈合防水涂刷材料HC—S整体涂刷。

3.3 施工技术

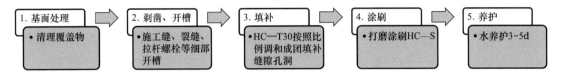

1. 基面处理	2. 剔凿、开槽	3. 填补	4. 涂刷	5. 养护
• 清理覆盖物	• 施工缝、裂缝、拉杆螺栓等细部开槽	• HC—T30按照比例调和成团填补缝隙孔洞	• 打磨涂刷HC—S	• 水养护3~5d

步骤一：基面清理、开槽。

基面腻子层铲除，暴露出混凝土结构层，把裂缝、施工缝处剔凿成30mm宽、30～50mm深的U形槽，不允许呈V形槽。

步骤二：清理与润湿。

除掉松散杂物，用水浸透混凝土，并去掉表面明水。

步骤三：填缝。

用HC—T30按体积比粉：水＝3.5：1调合成湿料团，将槽填满压实并使表面平整。材料用量约4kg/m。

步骤四：刷浆。

用水润湿填缝表面，然后在所修复的范围内再涂HC—S灰浆。

步骤五：养护。

用喷雾水养护3～5d。

3.4 施工方案图集

各示意图见图6～图9。

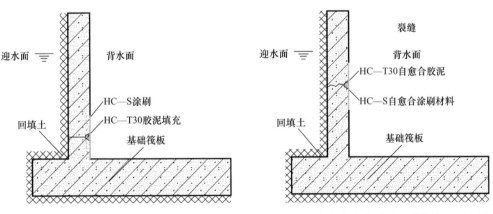

图6 HC自愈合防水系统—施工缝处理示意图　　图7 HC自愈合防水系统—裂缝处理示意图

4. 施工技术

4.1 结构自愈合防水系列工艺与技术

4.1.1 防水机理

本方案为使用北京海川结构自愈合防水系统，是以特种水泥、石英砂等为基料，掺入活性化学物质、催化剂和渗透促进剂制成的单组分灰色粉末状防水材料。自愈合防水系统材料的作用机理为：通过涂刷在混凝土表面或掺入混凝土内，该材料中的活性成分与混凝土中未发生水化反应的水泥颗粒发生化学反应，生成不溶于水的针状晶体，从而堵塞混凝土中的毛细孔和细小裂缝，阻止水分子的通过，达到防水的目的。该材料的活性成分在无水的情况下处于休眠状态，一旦遇到水，休眠被激活，立即与水发生反应，结晶继续进行，使得混凝土结构具有"主动"防水的特性。该种材料渗入到混凝土内，与混凝土可以同寿命，是其他一些有机类防水材料所无法替代的。此动态防水技术不仅实现了混凝土结构的耐久性，延长建筑寿命，同时是实现建筑可持续发展的重要手段，切合 UNEP（联合国环境规划署）2050 年建筑碳中和路线图中的"安全、韧性、可持续"原则。

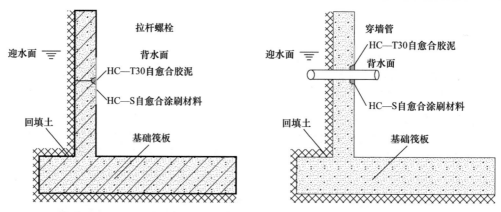

图 8　HC 自愈合防水系统—拉杆螺栓处理示意图　　图 9　HC 自愈合防水系统—穿墙管处理示意图

4.1.2　主要特性

（1）通过自愈合能力提高混凝土密实度和早期抗拉强度，使其具有抗裂、防裂、提高抗渗能力等作用（可抵御强静水压）。

（2）具有混凝土裂缝自愈合能力，在结构使用过程中因为振动或其他原因产生新的细微裂缝时，一有水渗漏，又会产生新的结晶体把水堵住，自愈合裂缝能力超强。

（3）不影响混凝土呼吸，不怕植物根系穿刺，同其他材质的涂层相容。

（4）无毒、无公害、防化学腐蚀、耐高低温、抗冻融循环、防氯离子和碱骨料对真混凝土的破坏。

（5）在潮湿结构面施工，不需要找平层及保护层，可与结构同步施工，缩短施工周期。

（6）综合成本降低，施工方法简单易行，迎水面、背水面均可施工。

4.2　施工准备

4.2.1　施工原则

地下防水工程施工遵循因地制宜、综合防治的原则，并采取相应有效的措施，确保防水工程质量，满足使用及设计要求。

4.2.2　技术准备

（1）正式施工开始前，我司工程部负责人、技术人员及施工班组负责人员，会同甲方工程负责人员一同了解施工现场情况，明确施工要求及防水施工中的重点、难点及危险、风险，熟知施工每个节点的细部做法，划分施工区段；

（2）在进行施工之前，技术部门做好施工技术交底工作，并对施工班组人员进行施工前的技术、质量及安全交底；

（3）组织施工操作人员学习操作规程、质量标准，熟悉施工内容和技术要求，同时进行安全、文明施工教育。

4.2.3 材料准备

（1）防水材料包装、贮存、保管应符合规定要求；

（2）防水材料必须具备出厂合格证及相关资料说明，且主要材料施工前进行见证送检复试。

4.2.4 现场准备

（1）施工前确认混凝土基面情况，与总包单位做好工作面交接工作；

（2）对现场设施做好必要的保护；

（3）高处作业时，需要提前搭设好脚手架平台，并检查牢靠后，方可进行施工；

（4）现场应保证有充足的照明，并有220V的用电接口；

（5）现场应有充足的水源或用水接口；

（6）现场应有设备和材料存放安全的地方；

（7）尽量避免其他工种交叉作业。

4.3 安全文明及环保施工措施

（1）严格执行国家、甲方、总包的安全文明施工管理条例及制度，创建文明工地，文明施工，文明作业，确保安全。

（2）进行岗前安全教育、培训，严肃公司纪律，认真仔细学习并严格遵守施工现场各项管理规章制度。

（3）进场施工人员须统一着装，按施工要求佩戴劳动保护用品（口罩、工作服、工作帽、工作鞋、手套、安全帽、安全带等），严禁施工人员穿背心、拖鞋进入施工现场。

（4）施工现场禁止吸烟，严禁使用明火。

（5）严禁施工人员在酒后进入施工现场作业。

（6）材料施工时必须封闭现场，非施工人员不得进入施工区域。

（7）安排专业人员负责接电操作，其他人员不得进行接电作业。

（8）电动工具必须装有漏电保护装置，使用电动工具，必须严格按照规范操作，操作人员必须做好防护。配电系统必须实行分三级配电二级保护。

（9）基面打磨处理过程中，采用大棚封闭、喷雾水等措施控制扬尘。

（10）施工过程中产生的垃圾、废弃物等，按要求堆放在总包现场指定位置。

（11）做到"工完、料净、场清"，及时清理现场，保持施工工地整洁。

5. 修缮效果

本项目采用完全内防水模式，由专业结构自防水施工队伍维修施工，工程于2017年6月完成，至今未出现任何渗漏与潮湿现象，治理效果良好，业主非常满意。修缮后效果见图10。

图10　修缮后效果

　　防水行业的质保年限随着防水材料的更新迭代、人民对居住环境改善以及对美好生活的向往，国家、设计、施工、业主对建筑防水的质量要求也会不断地提高，防水质保年限也从现在的 3 年到 5 年逐步延长，最终的防水目标必将是与建筑结构设计工作年限同寿命，混凝土本体自愈合防水将发挥其重大作用。

地下空间顶板、侧墙渗漏治理技术

曹征富[1]　叶林标

1. 工程概况

北京某小区由种植庭院组成，四周为高层住宅楼和写字楼，中央为种植庭院。各楼座设置 1 层地下室，与种植庭院下地下工程联通，形成小区整体地下空间，用做停车场。地下防水设防等级 II 级，采用防水混凝土（抗渗等级 P6）与柔性防水层相结合的设防措施，底板、顶板（部分为种植顶板）一道 3mm 厚自粘橡胶沥青柔性卷材防水层，侧墙一道 1.5mm 厚聚氨酯涂膜柔性防水层，地下防水设防高度在散水部位。

工程竣工投入使用后当年，地下室即出现渗漏水。渗漏水主要在变形缝、顶板、侧墙三个部位（图 1～图 3）。

图 1　变形缝渗漏

图 2　顶板渗漏

图 3　侧墙渗漏

[1]［第一作者简介］　曹征富，男，1946 年 10 月出生，大学本科，高级工程师，中国建筑学会建筑防水学术委员会名誉主任，长期从事防水技术应用、技术咨询、防水工程质量司法鉴定等工作，主持和参与上千项防水工程。

2. 渗漏原因

2.1　设计方面

（1）地下室种植顶板防水等级设计为二级，采用一道 3mm 厚自粘橡胶沥青卷材普通防水层，未设计耐根穿刺防水层，不符合现行国家标准《地下工程防水技术规范》GB 50108 中的"地下工程种植顶板的防水等级应为一级"和普通防水层上应设置耐根穿刺防水层的规定，为种植顶板渗漏留下严重的后患。

图4　防水设防高度不符合规范规定

（2）图纸中未有配套的变形缝、施工缝等防水细部构造设计，给不规范施工留下空间。

（3）将地下防水设防高度定在散水部位，不符合现行国家标准《地下工程防水技术规范》GB 50108 中"附建式的全地下或半地下工程的防水设防高度，应高出室外地坪高程 500mm 以上"的规定（图4）。施工单位按图施工，给渗漏水留下隐患，极易造成地下工程渗漏。

2.2　材料方面

经查阅本工程所用的卷材、涂料等防水材料，产品合格证、出厂检测报告、进场见证取样复试报告等相关质量资料齐全。现场对防水层取样进行外观质量勘验，工程使用的防水材料符合设计要求。

2.3　施工方面

（1）防水施工前未进行图纸会审，对图纸中种植顶板防水等级和地下工程防水设防高度的错误，未能及时发现和提出纠正意见，施工中将错就错。同时，施工前也未编制施工方案和技术交底，变形缝、施工缝等细部构造无防水增强措施。

（2）结构防渗混凝土不防渗。本工程结构防渗混凝土渗漏点多、面广，防渗混凝土缺陷较多，未能起到一道有效的防挡水作用。

（3）成品保护不及时造成柔性防水层不防水。本工程竣工不到半年时间即开始大面积渗漏，除了结构防渗混凝土存在缺陷外，柔性防水层也失去了防水作用。经在现场勘验时了解到，地下室顶板防水层施工后未能及时做保护层，裸露的防水层上随意堆放建筑材料、施工渣土，不仅大量施工人员来回踩踏，同时运送材料、渣土的大卡车直接在防水层上碾压，使防水层遭到了严重伤害。

（4）回填土回填不密实、散水下沉、落水管的落水口未设水簸箕等缺陷，使楼座四周排水不畅、大量积水，增加了地下室渗漏几率（图5、图6）。

3. 修缮方案

3.1　治理范围

地下室顶板、外墙渗漏水的部位。

3.2　治理原则

本工程渗漏治理应遵循"因地制宜、防排结合、刚柔相济、综合治理"的原则，迎水面与背水面治理相结合，种植顶板渗漏及地下防水高度不够的修复在迎水面治理，非种植顶板、地下外墙及变形缝渗漏在背水面治理，同时对室外散水、排水缺陷进行处理，彻底解决地下室的渗漏，满足使用要求。

图 5　墙根回填土空虚　　　　　　图 6　散水沉降，落水口未设水簸箕

3.3　基本方案

（1）种植顶板渗漏水治理。

本工程种植顶板渗漏严重，设防措施中又缺少一道耐根穿刺防水层，应在迎水面进行整体翻修，即拆除种植顶板普通防水层的保护层以上的所有构造层次，按照《地下工程防水技术规范》GB 50108—2008 第 4.8 节"地下工程种植顶板防水"中的相关规定进行施工。翻修后种植顶板的由上至下的构造层次依次为：

　　—植被层

　　—种植土

　　—过滤层

　　—排（蓄）水层

　　—耐根穿刺防水层

　　—普通防水层

　　—找坡层（找平层）

　　—保温（隔热）层

　　—结构层

（2）非种植顶板渗漏治理。

非种植顶板渗漏在背水面治理，对渗漏水部位采用化学灌浆止水、刚性材料堵漏与面层防水相结合等多道防治措施。基本做法：

　　1）铲除施工部位（渗漏部位＋外延不小于 500mm 范围）涂料、腻子、抹灰层，清理至结构面；剔除疏松、不密实的混凝土；

　　2）采用高渗透改性环氧水泥砂浆修补有缺陷的混凝土部位；

　　3）渗漏部位埋置注浆针头，间距 200～300mm，埋深为 1/2～2/3 顶板厚度，分次压力灌注聚氨酯止水浆料，注浆材料完全固化后，切割突出平面的注浆针头；

　　4）将基层用水湿透，涂刷不小于 1.0mm 厚水泥基渗透结晶型防水涂料，材料用量不少于 1.5kg/m²；

5）面层抹压 15～20mm 厚聚合物防水砂浆作防水增强层兼找平层、保护层；

6）电气设施部位（预埋盒、接线盒）渗漏治理施工时，应切断电源，施工安全和使用安全应符合相关规定；

7）当风机盘管对应顶板渗漏，不具备施工空间时，应临时拆除风机盘管，渗漏治理处理后恢复；

8）按原设计恢复装修饰面层。

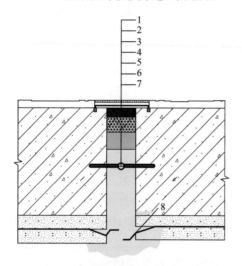

图 7　变形缝渗漏治理构造做法示意图

1—金属盖板；2—PVC 止水带；

3—20mm 厚聚氨酯密封胶；

4—泡沫聚乙烯背衬材料；

5—速凝堵漏材料；6—注浆堵漏材料；

7—原中埋橡胶止水带；8—原室外防水层

（3）地下外墙渗漏水在背水面治理，施工基本做法见上述"（2）非种植顶板渗漏治理"。

（4）变形缝渗漏治理。

变形缝渗漏，在室内采用堵漏、注浆、密封、防水等多种材料复合做法，形成一条有效止水、又适应变形的防水密封带。变形缝防水构造如图 7 所示。

基本做法：

1）拆除变形缝的盖板，铲除缝两侧墙面各 300mm 范围内涂料、腻子、抹灰层，清理至结构面；缝内有渗漏水时置临时导水管引水；

2）检查变形缝两侧混凝土的质量，剔凿酥松、不密实部位，并采用高渗透改性环氧水泥砂浆修补混凝土缺陷；

3）变形缝内两侧及缝外两侧墙体结构面各 300mm 范围内涂刷高渗透改性环氧涂料；

4）缝内嵌填 100mm 厚交联、闭孔、不吸水的聚乙烯发泡体作填充料；

5）嵌填 20～30mm 厚速凝堵漏材料，预埋注浆管；

6）缝内化学灌浆；

7）铺贴背衬材料；

8）嵌填 15～20mm 厚密封胶（聚硫密封胶、聚氨酯密封胶等）；

9）外贴 300mm 宽、1.5mm 厚 PVC 卷材止水带，止水带搭接缝焊接，两侧与基层固定、密封；

10）恢复地面防滑钢板和墙、顶不锈钢盖板。

（5）地下防水设防高度不够的修复：

1）拆除墙根地坪向上 500mm 高度范围内的装饰层、保温层等至墙体结构面，地坪向下拆除至地下外墙聚氨酯涂膜防水层，露出聚氨酯涂膜防水层宽度不小于 100mm；

2）将拆除面清理干净，对基层缺陷采用聚合物水泥砂浆修补平整，满足涂膜防水基层要求；

3）涂刷聚氨酯防水涂层内夹胎体增强材料，涂膜厚度不小于 1.5mm，新旧防水层搭接不小于 100mm，涂膜收头多遍涂刷增强；

4）按原设计恢复保护层、保温层、装饰层。

（6）室外墙根散水开裂与回填土沉降部位修复基本做法：

1）拆除散水，挖开深度不小于1000mm、宽度不小于800mm的回填土。

2）采用2∶8灰土回填，分层夯实，每层厚度200～300mm。

3）按相关规范规定恢复散水，散水与墙体之间留置20mm宽缝隙，缝内嵌填改性沥青油膏类柔性材料。

4）落水管的落水口部位的地面设置排水簸箕。楼座周围排水应通畅，坡度正确，不得有积水现象。

3.4 质量要求

（1）渗漏治理选用的防水、堵漏、密封材料性能指标应符合相应标准和规范的规定。

（2）承担渗漏治理施工的队伍应具备类似工程的专业施工经验，施工前应根据本渗漏治理方案、工程实际情况和相关规范，编制有针对性的施工方案和技术交底。施工中应严格按照施工工艺和操作程序施工，加强施工过程的质量控制。

（3）修复后的部位不得有渗漏现象。

4. 启示

我们常说建筑防水是一个系统工程，防水工程质量与设计、材料、施工、管理有着密切关系，各个环节互相连接，哪个环节出了问题，都有可能造成渗漏。而管理则贯穿于与防水工程质量相关的各个环节，有些防水工程做失败了，问题往往不是出在技术和材料上，而是出在管理上。而管理上问题往往又出在失责上。

本工程使用防水卷材和防水涂料质量都符合设计要求和相关标准规定，为保证防水工程质量打下良好基础。但由于有关方面在管理上的一系列的失职，导致防水工程质量出现了严重的问题。本工程在种植顶板设防等级和地下工程设防高度上出现了明显的错误，设计院从设计方案到出图交付使用多道审查和把关的过程都未能发现，图纸到了建设单位、施工总包单位、施工专业分包单位、工程监理单位同样也没有人提出异议。本工程出现的防渗混凝土不防渗、柔性防水层不防水的问题，主要原因也是出在管理失责上。尤其是柔性防水层完成后，裸露的防水层上随意堆放建筑材料、施工渣土，大量人员踩踏，大卡车在防水层上碾压，野蛮施工。住房城乡建设部2014年颁布的《建筑施工项目经理质量安全责任十项规定》（建质〔2014〕123号）、《建筑工程五方责任主体项目负责人质量终身责任追究暂行办法》（建质〔2014〕124号）和2014年9月1日印发的《工程质量治理两年行动方案》的通知中，都规定了工程项目负责人相应的终身责任，说明了在很长一段时间以来，我们在工程建设管理上存在责任不到位的问题。杜绝工程渗漏不易，但绝不是高不可攀。我们要改变目前工程渗漏率居高不下的局面，除了继续抓好材料质量和继续提高防水技术水平外，应下大力抓工程管理，提高有关方面的责任感，只有牢固树立对工程负责、对用户负责、对社会负责的责任心，才能把精力放在工程管理上，才能竭尽全力抓质量。相信通过住房和城乡建设部这些相关规定和办法的贯彻与落实，在工程建设有关各方共同努力下，我国的防水工程质量会有较大的提高。

地下室混凝土钢网箱空心楼盖渗漏修缮技术

常德市万福达环保节能建材有限公司　金华[1]

1. 工程概况

本项目为常德市善建人家住宅小区，位于常德市柳泉路，小区内共 23 栋高层住宅楼，1 层地下室，地下室面积约为 11 万 m^2。

该小区地下室建设单位为湖南泰达置业有限公司，设计单位为常德市建筑设计院有限责任公司，监理单位为常德市兴业建设监理有限公司及常德市旺城建设监理有限公司，勘察单位为湖南有色工程勘察研究院有限公司，施工单位为湖南浩宇建设有限公司。

地下室结构形式为现浇钢筋混凝土框架结构，共 1 层，柱网的主要结构跨度为 8.0m×8.0m，基础采用长螺旋钻孔压灌桩。地下室顶板采用现浇混凝土钢网箱空心楼盖，由梁（暗梁及明梁）和非抽芯成孔式楼板组成，填充体采用轻质的"BDF 带肋钢网箱"，由菱形网格网片扩张折叠成型。地下室防水等级为二级。

2. 渗漏原因

因浇筑时顶板钢网箱下方（网箱至顶板底面之间）混凝土骨料不均匀，水泥浆体较多，粗骨料明显偏少，部分芯样内可看到钢网箱附近混凝土骨料分层离析现象。钢网箱下方芯样混凝土抗压强度为 36.4～42.6MPa 之间，部分钢网箱下方芯样混凝土抗压强度不满足设计强度 C40 的要求，所以易造成裂缝，发生渗漏。

3. 修缮方案

因善建人家项目渗漏点主要分布在顶板，所以修缮方案以顶板的修缮为主。

3.1 修缮技术措施

（1）本项目渗漏治理的设计与施工遵循"以堵为主，堵排结合，因地制宜，多道设防，综合治理"的原则。

（2）本项目施工阶段及竣工验收前要进行全面检查，并对渗漏水缺陷部位进行治理。治理后的防水效果符合设计的防水等级要求。

（3）渗漏水治理前进行现场查勘、确定治理范围，掌握工程的设计、防水层施工及隐蔽工程验收记录等技术资料。

（4）渗漏水治理施工时不得影响结构安全，少损坏防水层。

（5）结构变形引起的裂缝，宜待结构稳定后再进行治理。

（6）当渗漏部位有结构安全隐患时，按国家现行有关标准的规定先进行结构修复，再由我司防水队伍进行渗漏治理，渗漏治理在结构安全的前提下进行。2019 年建设单位组

---

[1]［作者简介］ 金华，常德市万福达环保节能建材有限公司董事长，高级工程师，公司地址：湖南省常德市武陵区启明街道办事处皇木关社区三闾路。联系方式：13786639888，0736-7079880。

织专家组对该项目出现的"裂缝"出具了评估报告。报告指出：一般结构板面 0.3mm 以下裂缝对结构安全无影响，但对耐久性有不利影响，因此，采取注浆工艺拒水于结构外，恢复结构耐久性。

3.2 防水修缮材料

（1）灌浆材料根据现场条件、渗漏部位、注浆目的等选用聚氨酯灌浆材料。

（2）灌浆止水材料主要是聚氨酯灌浆材料。聚氨酯灌浆材料的物理性能符合现行行业标准《聚氨酯灌浆材料》JC/T 2041 的规定（表1）。

聚氨酯灌浆材料物理性能指标　　　　　　　　　　　　　表1

序号	项目	指标	
		WPU（水溶性）	OPU（油溶性）
1	密度（g/cm²）	≥1.0	≥1.05
2	黏度（mPa·s）	≤$1.0×10^3$	
3	凝胶时间（s）	≤150	—
4	凝固时间（s）	—	≤800
5	遇水膨胀率（%）	≥20	—
6	包水性（10 倍水）（s）	≤200	—
7	不挥发物含量（%）	≥75	≥78
8	发泡率（%）	≥350	≥1000
9	抗压强度（MPa）	—	≥6

（3）WFD—渗透型防水涂料材料性能符合现行国家标准《水泥基渗透结晶型防水材料》GB 18445 的规定。

（4）WFD—聚合物防水砂浆性能符合现行行业标准《聚合物水泥防水砂浆》JC/T 984 的规定。

4. 施工技术

4.1 地下车库空心楼盖顶板渗漏钻孔注浆止水的施工情况

（1）在地下车库内顶板背水面注浆止水，防止渗漏水进入空心箱体内增大顶板荷载，并恢复顶板耐久性。注浆材料采用聚氨酯材料，并采用专用的注浆设备。钻孔直径与注浆设备配套的压环式注浆嘴（止水针头），钻孔直径为 14mm，并根据钻孔深度选用适宜长度的注浆嘴；

（2）注浆孔直接布设在裂缝上或渗漏处，钻孔深度为空心顶板结构厚度，不能破坏防水层，钻孔间距原则为 0.5～2.0m，也可为"一箱一孔"（由于上翼缘"箱盖"钻孔时无法判断钢筋位置，施工时难免发生碰到钢筋的情况或楼板厚度偏差很大的问题，因此，会经常发生在下翼缘钻了多个孔的现象），操作人员仔细判断顶板实际厚度，有的钻孔需要500mm，有的钻孔需要 530mm（空心板薄厚不均）。特别需要注意的是：钻孔深度原则为空心板厚度。目的是将浆液注入结构板与防水层之间，如果钻孔穿透防水层，虽然也能起到止水作用（相当于止水帷幕），但要造成材料的很大浪费；

（3）注浆嘴深入钻孔的深度宜为上翼缘结构厚度的 2/3～1/2；

（4）聚氨酯灌浆材料使用时按生产厂家要求使用，并在现场通过试注浆调整适宜的凝胶时间；

（5）注浆时从一端向另一端依次进行注浆。注浆结束条件：由于"箱底观察不到注浆情况"，指定有注浆经验操作人员负责注浆，采取间歇式注浆、边注浆边观察，当注浆压力持续很小或急剧升高时方可停止注浆、关闭阀门，再从下一注浆嘴开始依次注浆至全部注浆结束，次日检查注浆效果，如有明水，再重新注浆，直至无渗漏为止；

（6）注浆压力宜为 0.3～0.8MPa，当注浆压力急剧升高或持续较低时，采取间歇方式注浆或调整浆液凝胶、固结时间等措施；

（7）经检查无渗漏后，拆除注浆嘴，并采用 WFD—堵漏 1 号渗漏修补材料封堵注浆孔和清理基层。

特别说明

这种漏浆的钢片网箱预埋体空心楼盖渗漏治理在国内尚属首例，治理难度很大，在治理施工过程中精心施工，并根据实际情况结合注浆经验合理确定每个钻孔深度、注浆用量，以达到最佳的治理效果。

4.2　施工缝渗漏采用注浆止水，再设置刚性防水层的做法，要点如下：

（1）钻斜孔注浆止水。注浆孔交叉布设在施工缝的两侧，钻孔斜穿施工缝，斜孔倾角 θ 45°～60°，当施工缝内设有中埋式止水带时，斜孔宜靠近止水带的两侧，垂直深度宜为结构厚度 h 的 $1/2+30$mm，孔间距宜为 h 的 $1/2\times1.5$，再按第 4.2 条的规定注浆止水（图 1、图 2）。

（2）刚性防水层先采用 WFD—聚合物防水砂浆找平，再涂刷 WFD—渗透型防水涂料防水层，厚度不小于 1.0mm，用量不小于 1.6kg/m^2，涂层防水范围沿施工缝走向宽度不宜小于 300mm，长度至裂缝终端浆液无外溢处再延长不少于 300mm。

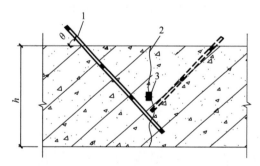
　　　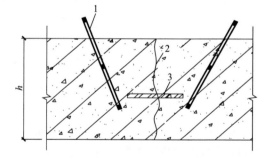

图 1　钻孔斜穿施工缝注浆止水　　　　　图 2　钻孔斜穿靠近施工缝内止水带注浆止水
1—注浆嘴；2—施工缝；3—遇水膨胀橡胶止水条（胶）　　1—注浆嘴；2—施工缝；3—中埋式止水带

5. 修缮效果

善建人家项目在渗漏修缮前，一到下雨天就漏水严重，给小区业主的生活带来了很多的不便，也给物业公司带来了很多的投诉。物业公司委托我司承担该项目的渗漏修缮，我司迅速派专业技术人员赶往现场查勘，了解工程渗漏情况，分析渗漏原因，提出了针对性的修缮方案。修缮方案经相关方面审核通过后，立即进场进行修缮。经过为期 3 个月的修缮，渗漏问题得到了彻底解决，修缮效果良好，得到业主和物业公司的一致好评。

石家庄金辉中央云著高端住宅区地下车库
渗漏治理技术

北京翔峰创美科技有限责任公司　李志全[1]

1. 工程概况

石家庄金辉中央云著高端住宅区，位于石家庄正定新区地区，20世纪90年代工程竣工。2001年年初地下车库出现大面积渗漏水。2001年3月2日，我公司技术部工程师到现场勘查了解，地下车库面积约6000m²，筏板厚度400mm，防水等级二级，防水做法为防水混凝土加外设4mm厚SBS改性沥青防水卷材一道。该地下车库出现渗漏时，工程已经过保修期。根据现场情况判定，造成渗漏水主要原因，由采用劣质防水材料过早老化及施工时偷工减料造成。

甲方之前找了几家堵漏维修公司进行过修缮，均告失败，甲方通过了解，委托我司对该地下车库渗漏进行治理。

2. 修缮方案

2.1　方案核心技术

我司根据工程概况、渗漏程度、渗漏原因等相关因素，提出采用我司生产的专用堵漏、防水材料与专业施工工艺相结合、不注浆治理渗漏的技术，得到甲方认可。

2.2　主要堵漏、防水材料介绍

2.2.1　翔峰1号—抹灵

翔峰1号材料，干粉型。用于地下室侧墙、底板裂缝、慢渗、蜂窝、孔洞等漏水点进行封堵。先用工具将漏水区开成V形槽，施工时将粉料加水搅拌成鸡蛋大小团状进行封堵，按压3s后抹平即可达到堵漏效果。针对慢渗蜂窝等慢渗情况，用干粉涂抹压实，即可达到防渗效果。本产品不开裂、不粉化、粘结力强、持久防水、凝固快、省时省力。

2.2.2　翔峰B型防水砂浆

翔峰B型防水砂浆，干粉型。适用于砖墙、混凝土类的地下室、车库、地下管廊、地铁站、电梯井、景观水池、消防水池、污水池、饮用水池、腌菜池、卫生间等建筑基面防渗漏。"对混凝土、水泥砂浆、砌体等建筑材料均具有很好的粘结力，强度高、抗压能力强、耐腐蚀，可形成无缝、致密、稳定的防水、刚性、抗裂防水层，含有可持续生长的矿物成分，遇水生长，能自修复微渗0.04mm以下裂痕。免养护，本材料有自排水功能。"材料是由天然火山灰矿石，经微粉末加工制成深灰色无毒无机防水材料，它含有70%以上的无定形活性硅，这种特殊的硅与水泥中的氢氧化钙结合，借助于空气中的水分或水源，即刻生成一种新的物质—硅酸钙胶体，它大角度、大面积地繁殖，填塞了混凝土、砂浆的

[1][作者简介]　李志全，1971年2月5日出生，项城市翔峰创美材料有限公司董事、法人代表，单位地址：河南省周口市项城市翔峰创美材料有限公司。邮政编码：466200。联系电话：13020541222。

毛细孔，切断了空气与水流的通道，增加了密实度。这种重复反应、繁殖的机能，使混凝土温裂、收缩产生的裂缝得到自愈，达到永久性的防水防潮的作用。

注：以上材料均有检测报告，并且翔峰 B 型防水砂浆通过了饮水报告。

3. 施工技术

3.1 施工流程

3.1.1 清理基层

3.1.2 渗漏部位剔凿处理

3.1.3 采用翔峰 1 号一抹灵封堵渗漏点

3.1.4 采用翔峰 B 型防水砂浆做面层防水

3.2 施工工艺

3.2.1 翔峰 1 号一抹灵施工工艺

（1）将地下室内渗漏积水和老旧防水层清理干净，露出基面，找到漏水点；

（2）剔凿疏松混凝土；

（3）将漏水点、混凝土裂缝剔凿成 U 形槽；

（4）将翔峰 1 号一抹灵与水快速拌合成鸡蛋大小粉团，迅速嵌填到 U 形槽内，压实；

（5）慢渗、蜂窝等慢渗部位，用干粉涂抹压实。

3.2.2 翔峰 B 型防水砂浆施工方法

（1）全部漏水点封堵后观察 1h，无渗漏水点后，施工基面清理干净，不应有油污、浮尘、大白、防水层等残留物；

（2）基面进行湿润处理，润湿后的基面确保无明水；

（3）材料配对时，先加水后加粉料，一袋 25kg 防水粉料加入 5～6kg 水，用搅拌机搅拌均匀，然后静置 10min，让材料和水充分融合后再用搅拌机搅拌 1～2min，即成为可施工的防水砂浆；

（4）基层抹第一层防水砂浆，厚度 3mm，随即铺贴网格布压密实；

（5）第一遍涂层干燥 4h 以后，涂抹第二层防水砂浆，厚度≥2mm；

（6）涂层干燥后养护 5～7d，不通风情况下可适当延长。

养护完成即可达到长久干燥，时间越久强度越高。

4. 修缮效果

该地下车库经过我司近 20d 治理，全部干燥没有渗水漏水点，完全解决了渗漏问题，至今效果良好（图 1），甲方非常满意，主动帮助推荐客户。

现在翔峰创美品牌系列材料已在全国各地得到很好的推广与应用，取得较好的社会效益和经济效益。如在河南省周口市师范学院游泳馆防水工程采用翔峰创美品牌系列材料（图 1），投入使用后滴水不漏，得到师范学院、设计院及工程监理的一致好评。

(a) 施工前照片之一

(b) 施工前照片之二

(c) 施工后照片之一

(d) 施工后照片之二

(e) 校门口照片

图 1　施工前后照片

昌平某学校地下室底板渗漏修缮技术

北京漏邦房屋修缮工程有限公司　张莉[1]　巩登伟

1. 工程概况

北京市昌平区某学校，原建筑结构形式为混凝土框架结构，地下一层，地上三层，局部四层，总高度 15.4m，地下一层层高 3.6m，首层层高 3.9m，其余均为 3.6m。原设计使用年限 50 年。地下室防水等级为一级，抗渗等级 P6，结构底板厚度为 300mm。

原建筑进行过改造，改造后总建筑面积 14002m²，其中地下一层面积 3921m²，地上面积 10081m²。原建筑进行改造、地下室已经装修完成后，地下室底板局部出现了渗漏水，柱基周边施工缝、后浇带缝、变形缝、外墙下方施工缝存在不同程度渗漏水现象，影响了地下室的正常使用。

2. 渗漏原因

（1）该地下室为在原结构形式上进行了改造、加建，加建时新旧结构因地基沉降不均引起原防水层破坏；

（2）柱基周边施工缝、后浇带缝、变形缝、外墙下方施工缝等细部构造防水密封存在缺陷。

3. 修缮方案

（1）鉴于项目实际情况，如采用拆除现有装饰装修材料进行修缮，会出现以下问题：

1）拆除现有装饰装修材料进行排查治理造成成本过大，并对城市建设造成污染；

2）拆除维修施工工期长，并且影响业主正常运营。

（2）经我公司技术部协商决定在不影响地下室整体运行及不大面积破坏装修面层的情况下，为了在解决渗漏问题的同时能最大限度地避免外部水源对结构的侵蚀，延长结构的耐久性能，决定从三个角度来进行该地下室的渗漏治理：

1）底板采用 LB—高强抗渗灌浆料，对需要填充固结的结构层迎水面进行填充、夯实、固结在结构外形成一定厚度、密实度高、不透水的固结体，对结构围岩层及地基层进行加固；在底板后浇带及柱根承台部位注浆时适当的增加注浆压力，使浆液通过后浇带缝及柱根承台断裂缝部位流出，从而对后浇带施工缝及柱根部位进行结构加固；

2）底板采用 LB—丙烯酸盐灌浆料进行帷幕注浆再造防水层工艺，在结构层外对原有防水层进行修复，并形成一道新的、与结构层紧密粘结的、具有一定抗变形能力的柔性防水层。

（3）技术优势：

---

[1]［第一作者简介］　张莉，女，1987 年 3 月出生，北京漏邦房屋修缮工程有限公司，单位地址：北京市通州区张家湾镇广聚街 1 号院漏邦防水。邮政编码：101113。联系电话：15835900063。

1) 不破坏原有装饰层，施工操作快捷简便，施工成本低；

2) 不进行拆除施工，几乎不产生建筑垃圾，并且不影响业主的正常使用；

3) 采用多种灌浆料复合式补强工艺进行注浆施工，质量有保障。

4. 施工技术

4.1 底板渗漏水治理

（1）施工基层处理：局部切割地砖。

（2）施工材料准备：LB—高强抗渗灌浆料，LB—丙烯酸盐灌浆料，聚合物水泥防水砂浆。

（3）机具设备准备：准备制浆机、水泥注浆泵、双液注浆泵、电钻和配套钻头、注浆管、注浆针头等。

4.2 施工工艺流程

标记布孔→局部切割地砖→钻孔→安装注浆管→注浆止水（LB—高强抗渗灌浆料）→注浆管拆除并封堵注浆孔→钻孔→安装注浆针头→注浆止水（LB—丙烯酸盐灌浆料）→针头拆除并封堵注浆孔→观察→注浆孔部位剔凿清理→地砖修补→美缝施工→清理施工现场→检查→验收

4.3 施工技术要求

（1）根据现场进行标记布孔：间距 100～200cm，布孔标记为边长 200mm 的方形，并保护性切割地面砖；后浇带及柱根部位根据现场实际情况增加注浆孔，施工前应制作模具进行选砖（图1）。

（2）LB—高强抗渗灌浆料注浆施工（图2）。

1）钻孔：依据现场布孔位置钻孔，孔径为 $\phi 20$，深度为底板下方持力层；安装注浆管，必要时使用刚性封堵材料进行固定；

2）采用饱和式压力灌浆的方式，注浆压力不超过 0.2～0.3MPa，灌浆料的固化及稳压时间根据现场止水要求临时调整；灌浆料在底板结构下方对需要填充固结的结构层迎水面进行填充、夯实、固结，形成一定厚度、密实度高、不透水的固结体；

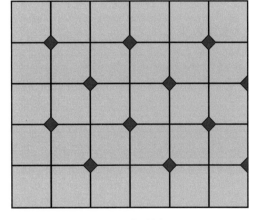

图1 布孔图

3）注浆工作完成后，撤除注浆管，采用聚合物水泥防水砂浆封堵注浆孔眼，本方案注浆部位均采用本条施工工艺。

（3）LB—丙烯酸盐灌浆料注浆施工（图3）。

1）安装注浆针头：在原注浆孔的基础上重新安装专用高压注浆针头（400mm×14mm），使用刚性封堵材料进行固定；

2）采用渗透挤密式灌浆的方式，注浆压力 0.3MPa 左右，灌浆料的固化时间根据现场情况临时调整。灌浆料在底板结构原防水层下方，均匀的流动平铺，形成再造防水层；由于浆料成型后黏性较高，可以对原有的防水层有一定的修复作用。在灌浆过程中观察出浆孔及透气孔的情况，当出浆孔和透气孔有出浆情况时，使用专用止浆塞进行封堵稳压

1～1.5min后，停止注浆工作，进行下一孔注浆工作。逐孔进行注浆工作，直至完成。

（4）地面砖修补（图4）。

1）注浆工作完成后，切割部位进行清理剔凿，使用吹风机清理基面灰尘，达到无尘、无泥、无颗粒，并保持基面干燥；

2）选用1:3干硬性水泥砂浆，补贴定制地面砖；

3）美缝剂修补地面砖缝隙。

图2 LB—高强抗渗灌浆施工　　　图3 LB—丙烯酸盐灌浆施工　　　图4 地面砖修补

5. 修缮效果

该工程于2022年6月竣工，2022年底对项目进行回访，经过一个雨季未再出现渗漏，达到了理想的效果，得到了业主的认可！

从以上不难看出，地下室底板渗漏水采用此综合治理系统，在保护原装饰层的前提下，不仅对结构下方、柱根承台部位及后浇带部位渗漏水处通过置换，对结构进行了加固，而且在结构层迎水面重新构建了新的防水层，起到了良好的防水效果，通过多种措施综合治理才能较为彻底地解决渗漏问题！

硬泡聚氨酯防水保温一体化材料在防水修缮工程中应用三例

北京利信诚工程技术有限公司　翟鹏[1]

一、屋面防水修缮工程

1. 工程概况

北京市某学校屋面分为平屋面和坡屋面，防水等级Ⅰ级，屋面采用25mm厚喷涂硬泡聚氨酯防水保温一体化设防措施，平屋面防护层采用抗紫外线涂料涂层，坡屋面采用瓷面砖做保护层。该建筑在使用12年后，喷涂硬泡聚氨酯局部破损，屋面出现渗漏水，饰面砖局部脱落，屋面上的通风管道和防雷设施也出现部分损坏、锈蚀、松动等现象，影响建筑正常使用，使用单位决定对屋面防水保温工程进行修缮，施工时间为2013年6月～2013年10月。

2. 修缮方案

2.1　修缮内容

（1）解决屋面渗漏；

（2）修复屋面保温；

（3）修复斜屋面滑落瓷砖及通风管道和防雷设施维修等。

2.2　要求

修缮不改变屋面使用功能，不改变屋面原外观设计，保持整体建筑群的原统一风格。

2.3　技术方案

（1）整体修缮；

（2）拆除防水基层以上防水保温层及相关构造层，基层处理后，施作喷涂硬泡聚氨酯防水保温一体化系统和相关构造层（图1、图2）。

2.4　材料要求

（1）喷涂硬泡聚氨酯防水保温一体化材料执行国家标准《硬泡聚氨酯保温防水工程技术规范》GB 50404—2017标准的要求，物理性能应符合表1的要求。

（2）防火等级 B_1 级。

（3）为了产品性能稳定，双组分原料应为同一厂家、同一牌号。

---

[1]［作者简介］　翟鹏，男，1980年5月出生，北京利信诚工程技术有限公司，单位地址：北京市海淀区玉泉山南路中坞新村西28号。邮政编码：100195。联系电话：13910003142。

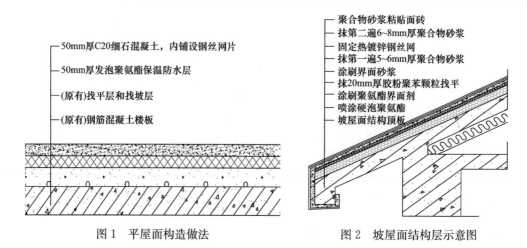

图 1　平屋面构造做法　　　　　图 2　坡屋面结构层示意图

材料物理性能指标　　　　　　　表 1

项目	指标
密度（kg/m³）	≥55
导热系数［W/(m·K)］	≤0.024
压缩性能（形变 10%，kPa）	≥300
不透水性（无结皮，0.2MPa，30min）	不透水
尺寸稳定性（70℃，48h，%）	≤1.0
吸水率（%）	≤1
闭孔率（%）	≥95
燃烧性能等级	B_1 级

3. 施工技术

3.1　施工基本做法

（1）平屋面。

1）铲除屋面原喷涂硬泡聚氨酯防水保温层及相关构造层，拆除屋面原有通风管道；

2）基层清理干净，用水泥砂浆修复局部破损的找平面层；

3）喷涂 50mm 厚Ⅲ型硬泡聚氨酯防水保温一体化材料；

4）铺设无纺布隔离层；

5）浇筑 50mm 厚 C20 细石混凝土保护层，内铺钢丝网片，并在分隔缝处断开，设置 3m×3m 分隔缝，缝宽 5mm，分割缝下部填聚乙烯泡沫棒，上部填弹性密封膏密封；

6）女儿墙部位刮抹 20mm 厚聚合物水泥砂浆保护层，内压耐碱网格布，四周阴角及管根部位做八字角，$R=400mm$。

（2）坡屋面。

1）拆除屋面面砖、防水保温层及相关构造层；用水泥砂浆修补局部破损的基层；

2）坡面上间隔 1.5m 预埋 $\phi 8$ 钢筋，外露长度 80mm；

3）基层清理与修补；

4）喷涂 30mm 厚Ⅲ型硬泡聚氨酯防水保温一体化材料；

5）涂刷界面剂，刮抹 20mm 厚胶粉聚苯颗粒找平；

6）刮抹聚合物抗裂砂浆两遍，平均厚度 12mm，中间固定安装热镀锌钢丝网；

7）铺贴装饰面砖。

（3）通风管道部分。

喷涂硬泡聚氨酯之前，拆除屋面的通风管道；待屋面防水保温工程施工完成后，重新恢复安装。

（4）滴水檐以上部位的墙体刮抹聚合物水泥防水砂浆，涂刷灰色弹性装饰涂料。

3.2 施工技术

（1）喷涂硬泡聚氨酯防水保温一体化施工工艺流程。

1）基层处理。

① 基层表面应坚实、平整，凹凸不平部位应剔凿或补平；

② 基层应洁净，混凝土表面落地灰清扫干净，油污应用有机溶剂擦拭；

③ 基层必须充分干燥。施工前应测试基层的含水率不超过 9%，其简易方法是在施工前用 $1m^2$ 见方卷材平铺于基层上，3～4h 后揭起，若卷材及基层面上无水印便可施工。

2）遮挡防护。

① 封闭施工区域，施工前应协调作业区周边 100～200m 范围内车辆挪走或用保护罩保护，严禁其他无关人员进入，严禁施工区域带水作业；

② 施工区域的机械设备、玻璃幕墙、护栏、女儿墙等外侧 1m 作为遮挡防护范围，用防护材料遮挡并固定牢固。

3）喷涂施工。

① 确认设备及连接管道正常；

② 将原料循环加热，达到可施工的温度；

③ 使用喷涂设备在基层上连续多遍喷涂，达到设计要求总厚度；

④ 当日施工作业面应于当日连续喷涂完毕。

4）质量检查与验收。

① 防水层施工完成后应进行自检，发现缺陷应及时进行修补；

② 自检合格后，由相关各方组织验收。

5）保护层施工。

验收合格后应及时进行保护施工。

（2）技术要点。

1）大面积施工前，在现场先做样板，合格后方可组织大面积施工。

2）喷涂聚氨酯硬泡的施工环境温度不宜低于 10℃，风力不宜大于 3 级，空气相对湿度不宜大于 65%，严禁在雨雪天施工。

3）喷涂作业时，喷嘴与施工基面的间距宜为 800～1200mm，一个作业面应分遍喷涂完成，每遍厚度不宜大于 15mm；当日的施工作业面必须于当日连续喷涂至设计厚度，且不得有负偏差。检测方法：用直径 1mm 的钢针探测，并用防水涂料涂刷探测点。

喷涂硬泡聚氨酯应与基层粘结牢固，表面不得有破损、脱层、起鼓、孔洞及裂缝现象。

4）细部防水做法：

① 女儿墙泛水防水层应收头至滴水檐下口（图 3）。

② 反梁立面及上顶面连续喷涂硬泡聚氨酯包裹成一个整体，防水层厚度应与平面相

同（图4）。

③出屋面管道防水收头设置金属盖板（图5）。

④出屋面电管部位防水，采用喷涂硬泡聚氨酯防水保温一体化材料与聚合物水泥防水涂料相结合的做法（图6）。

⑤直式水落口喷涂硬泡聚氨酯距水落口500mm范围内应逐渐均匀减薄，最薄处厚度不应小于15mm，并伸入水落口50mm（图7）；横式水落口部位排水坡度不小于5％（图8）。

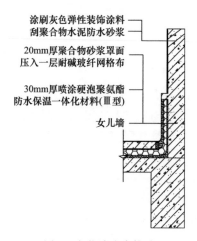

图3　女儿墙防水构造

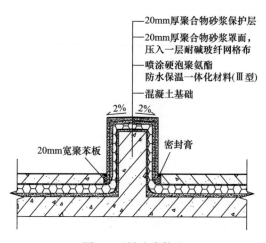

图4　反梁防水构造

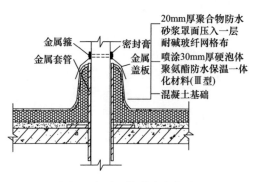

图5　出屋面管道防水构造

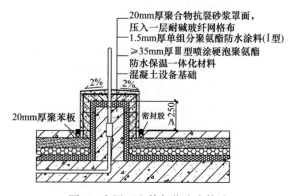

图6　出屋面电管部位防水构造

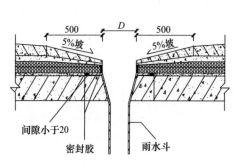

图7　直式水落口防水构造

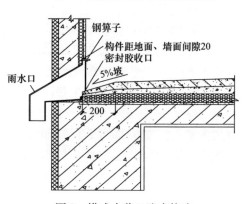

图8　横式水落口防水构造

4. 修缮效果

本项目屋面修缮工程，采用喷涂硬泡聚氨酯防水保温一体化材料对屋面整体翻修方案，施工严格按照工艺程序操作，严格过程质量控制，工程完成得非常好。2014年修缮完成至今无渗漏，达到修缮预期效果。喷涂后效果见图9～图11。

图 9　坡屋面喷涂后　　　　　图 10　平屋面喷涂后　　　　　图 11　多截面屋面喷涂后

二、地下室种植顶板防水修缮工程

1. 工程概况

唐山某住宅小区地下室用于停车库和设备用房，顶板为种植基面的景观区，防水等级一级，采用防水混凝土与外设卷材防水措施，防水面积 26000m²。工程完成后，种植顶板出现严重渗漏，使工程不能正常投入使用。

2. 渗漏原因

本项目种植顶板找坡层材料的压缩性能在 100～150kPa 之间，回填土厚度超过 2m，回填过程中，大型装载机加回填土的整体载荷超过找坡层的承受范围，导致找坡层局部被压碎，进而造成防水卷材破损、接缝开裂而出现渗漏水。

3. 修缮方案

采用 30mm 厚、燃烧性能 B_1 级的 LXCⅢ型喷涂硬泡聚氨酯保温防水一体化材料＋零坡度虹吸 HDPE 排水的防水排水系统，避免松散材料找坡层对防水带来的隐患。

防水构造由上至下：

—回填土；

—零坡度虹吸 HDPE 排水系统：HDPE 疏水板＋无纺布＋虹吸式排水槽；

—30mm 厚 DS 砂浆找平层；

—30mm 厚 LXCⅢ型喷涂硬泡聚氨酯保温防水一体化材料。

4. 施工技术

4.1　材料要求

由于使用环境为地下室顶板防水，对喷涂硬泡聚氨酯保温防水一体化材料的性能比屋面用材料有更加严格的要求。

密度不小于 $60kg/m^3$，导热系数≤0.022W/（m·K），压缩强度≥330kPa，不透水性（无结皮）0.3MPa，120min，吸水率≤1%，尺寸稳定性≤1%，闭孔率不低于97%；为了产品性能稳定，A、B料应为同一厂家、同一牌号。

4.2　喷涂硬泡聚氨酯施工基本情况

4.2.1　施工流程

基层清理→遮挡防护→节点细部处理→喷涂施工→闭水试验→保护层

4.2.2　各步骤施工要点

（1）清理基层：基层表面应坚实、平整，表面清洁、无油泥、无灰尘或其他污染物，混凝土坑洼不平处用喷涂聚氨酯补喷后再用刀削平。

（2）遮挡防护：施工作业面内已完工成品用保护膜包裹，防止污染；防水施工期间封闭施工区域，其他专业禁止进入交叉施工。

（3）节点细部处理：

1）雨水口及出气口等应安装牢固；

2）雨水口、管根、过水洞用专用界面剂涂刷2～3遍；

3）伸缩缝、后浇带应加设柔性附加层；

4）楼周圈喷涂高度为2.5m（图12）；

5）穿墙管道管根采用密封胶封堵，管道接口周圈250mm范围内涂刷单组分聚氨酯涂料，喷涂硬泡聚氨酯不应出现空鼓现象（图13）。

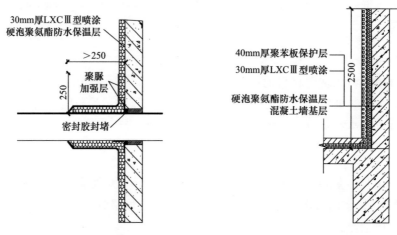

图12　立墙节点做法　　　　图13　穿墙管道部位做法

（4）喷涂施工：30mm厚 LXCⅢ型喷涂硬泡聚氨酯保温防水一体化材料，分遍喷涂完成，施工工艺见案例1，现场照片见图14～图21。

（5）闭水试验24h以上。

（6）保护层：30mm厚 DS 砂浆找平层。

4.3　虹吸式零坡度 HDPE 排水系统施工工艺

4.3.1　施工工艺流程

基层清理→按图纸定位弹线→湿铺法铺设胶带→铺设虹吸排水槽→平缝铺设高分子防

护排水异型片自黏土工布卷材→土工布搭接处粘结→安装虹吸透气观察管→虹吸排水槽上铺设土工布→安装虹吸排水管→安装观察井→检查验收→覆土

图 14　基层清理

图 15　坑洼不平部位找平

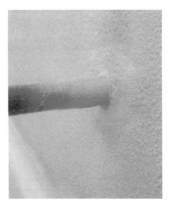

图 16　单根管道部位

图 17　涂刷聚氨酯附加层

图 18　群管部位

图 19　大面喷涂硬泡聚氨酯

图 20　闭水试验

图 21　保护层施工

4.3.2　各步骤施工要点

（1）基层清理：保护层表面清理干净（图 22）。

（2）铺设虹吸排水槽：在铺设粘结好的胶带上粘结固定虹吸排水槽（图 23）。

（3）平缝铺设高分子防护排水异型片自黏土工布卷材（图 24）。

（4）安装虹吸透气观察管（图25）。

（5）回填土（图26）。

图22　基层清理　　　　　图23　铺设虹吸排水槽

(a)　　　　　　　　　　　(b)

图24　铺设土工布卷材

图25　安装虹吸透气观察管　　　　图26　回填土

5. 修缮效果

本项目2016年施工完成，使用至今无渗漏，质量良好（图27）。

图 27 修缮效果

三、地下室结露修缮

1. 工程概况

北京市北五环外某住宅楼一层地下室，投入使用后墙面和地面结露、室内潮湿，墙地面返潮、发霉、长毛，影响住户正常使用。相关方面将该地下室潮湿、结露修缮工程委托我司施工。

2. 修缮方案

地下室产生潮湿和结露现象，主要由室内湿度大、室内外温差大、通风不畅等因素造成，该地下室潮湿和结露修缮措施从三个方面入手：

（1）地面、墙面涂刷水泥基渗透结晶型防水涂料，厚度不小于 1.0mm，材料用量不小于 1.5kg/m^2，解决混凝土毛细孔的渗水问题，降低室内湿度；

（2）地面及墙面做 30mm 厚 LXCⅢ型喷涂硬泡聚氨酯防水保温一体化材料，提升保温性能、封闭隔潮；

（3）增加通风、除湿措施。

3. 施工技术

3.1　地面部分

（1）地面拆除至混凝土结构面，并清理干净；

（2）涂刷水泥基渗透结晶型防水涂料；

（3）喷涂 30mm 厚Ⅲ型硬泡聚氨酯防水保温一体化材料；

（4）做 30mm 厚水泥砂浆找平层；

（5）粘贴地砖。

3.2　墙面部分

（1）墙面铲除至混凝土结构面，并清理干净；墙面内预埋水电管线部位，先开槽，槽

129

内做渗透结晶，电管线盒安装到位后，线槽用防水砂浆封堵密实；

　　（2）涂刷水泥基渗透结晶型防水涂料；

　　（3）喷涂 30mm 厚Ⅲ型硬泡聚氨酯防水保温一体化材料；

　　（4）涂刷专用界面剂；

　　（5）做平均 15mm 厚憎水膨胀珍珠岩保温砂浆找平层；

　　（6）涂刮 6mm 厚抗裂砂浆，挂耐碱网格布；

　　（7）刮两遍耐水腻子，恢复涂料面层。

4. 修缮效果

　　该地下室潮湿、结露问题，经我司修缮后，投入使用多年，效果良好。室内墙面和地面再未出现结露、返潮现象，墙面涂饰层完好；冬季室内温度较修缮前提升 4～5℃，居住舒适度明显提升。

上人屋面渗漏水免拆除修缮技术

北京漏邦房屋修缮工程有限公司　薛峰[1]　张莉

1. 工程概况

兰州市某小区一住宅楼，2006年5月正式开工建设，2009年9月交付入住，建筑类型为塔楼高层，屋面设计为上人屋面。工程投入使用不久，下雨时屋顶墙角及休息平台下方出现局部渗漏水现象，室内墙壁及顶部有明显湿渍。经现场钻孔探测，屋面从下至上的做法（图1）：现浇混凝土顶板，水泥砂浆找平层，50mm厚挤塑聚苯保温层，水泥炉渣保温找坡，豆石混凝土保护找平层，4mm厚SBS改性沥青防水卷材一道，水泥砂浆粘结层，面砖层。

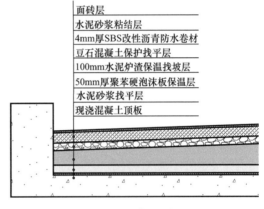

面砖层
水泥砂浆粘结层
4mm厚SBS改性沥青防水卷材
豆石混凝土保护找平层
100mm水泥炉渣保温找坡层
50mm厚聚苯硬泡沫板保温层
水泥砂浆找平层
现浇混凝土顶板

图1　屋面构造图示

2. 渗漏原因

针对屋面构造、渗漏发生部位与渗漏程度等因素，渗漏原因分析如下：

（1）从屋面构造分析，防水卷材层上方未做隔离保护层，在铺贴屋面砖时，在裸露的卷材防水层上直接进行铺抹水泥砂浆和铺贴面砖，易造成防水卷材损伤，同时水泥砂浆预应力易造成防水层搭接处开裂；

（2）根据渗漏水出现部位，对屋面局部破坏性检查，屋面管根、出风口、排气孔等部位根部节点防水密封存在缺陷；

（3）卷材防水层存在缺陷，屋面面砖的缝隙处理不规范，局部空洞，雨水通过砖缝渗入下方防水层，防水层长时间浸泡，会在有缺陷部位发生渗漏；同时，当地气候温差原因，造成应力变化大，防水材料的防水性能也会降低或丧失。

3. 修缮方案

（1）常规做法是拆除屋面进行维修。拆除屋面进行维修当然可以解决渗漏问题，但是其缺点也是很明显的：

1）拆除屋面相关构造层，重新铺贴防水层，将会产生大量建筑垃圾，对城市建设造成污染，不符合低碳环保政策；

2）拆除时产生噪声，影响业主正常生活；

3）施工工期长，并受当地气候影响，施工期间下雨会造成二次漏水情况，无法确保

[1][第一作者简介]　薛峰，男，1974年10月出生，北京漏邦房屋修缮工程有限公司，单位地址：北京市通州区张家湾镇广聚街1号院漏邦防水。邮政编码：101113。联系电话：13381256900。

业主财产安全;

4）施工成本高。

（2）随着防水技术发展，上人屋面渗漏采用免拆除的修缮技术，在工程中应用效果良好（图2）。

图2 上人屋面免拆除防水系统构造图示

上人屋面免拆除防水系统施工优势：

1）不进行拆除施工，几乎不产生建筑垃圾，并且不影响业主的正常生活；

2）施工操作快捷简便，施工成本低；

3）考虑到北方多旱少雨，采用LB—无机复合灌浆料进行注浆施工，此灌浆材料凝固胶体弹性好，与基面粘结性强，高弹柔韧性完全具备了动态性基层，流动性好，并且非常适合带水施工，质量有保障。

4. 施工技术

4.1 施工工艺流程

清理基面→局部特殊部位及节点维修→布孔、钻孔→材料现场试配调适→LB—无机复合灌浆料注浆施工→拆除注浆管并封堵注浆孔→屋面砖砖缝清理→屋面砖勾缝施工→清理基面→闭水试验→检查验收

4.2 施工准备

（1）施工基层处理：清理屋面渗漏水处杂物，剔除屋面砖缝松散的混凝土保护层。

（2）施工材料准备：LB—无机复合灌浆料，聚合物水泥防水砂浆。

（3）机具设备准备：准备制浆机、双液注浆泵、电钻和配套钻头、注浆管等。

4.3 施工技术要求

（1）先对出风口、水落口、管根等细部进行处理。

细部一周进行保护性拆除清理至结构层，采用LB—强力涂进行一布三涂防水层施工，恢复填充层、保温层、面层等构造层。

（2）屋面渗漏水处再造防水层施工。

1）布孔：依据现场渗漏水情况标记、划线，标出灌浆孔位置，布孔方式应尽可能采用矩形布孔并靠近来水方向。钻孔直径为$\phi20$，深度至保温层下方；安装注浆管，必要时使用刚性封堵材料进行固定；灌浆孔布孔位置如图3所示，注浆孔上下排间距为500mm，相邻注浆孔之间的距离为500mm。

2）灌浆料调配实验（图4）。

①LB—无机复合灌浆液配制配比A料∶B料＝1∶1。

②气温越高，反应时间越快；气温越低，反应时间越慢；在施工现场先试配一组，以确定初凝时间；A、B料配比应准确。

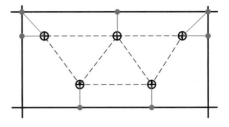

图3　注浆孔布置示意图

3）注浆（图5～图7）。

按现场试点要求配制浆液，灌浆料的固化及稳压时间根据现场止水要求临时调整，注浆压力不超过0.2MPa，并持续观察出浆孔及透气孔的情况；当出浆孔和透气孔有出浆情况时，使用专用止浆塞进行封堵并稳压10～15min后，停止该孔的注浆工作，重复上述工作，直至完成所有孔的注浆工作。

4）注浆结束后孔眼处理。

注浆结束后，拆除注浆管并封堵注浆孔眼。

（3）屋面砖缝处理。

注浆结束后，屋面清理干净，砖缝使用聚合物水泥防水砂浆进行修补、封堵，达到防水效果；同时清理屋面垃圾，保证施工现场干净。

图4　灌浆液配制　　　　　图5　LB—无机复合灌浆施工

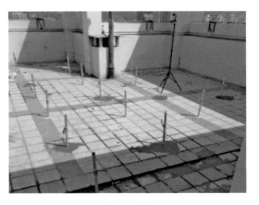

图6　LB—无机复合灌浆施工　　　　　图7　压浆

5. 修缮效果

该工程于 2019 年 5 月竣工，2022 年底对项目进行回访，三年多来未再出现渗漏，达到了理想的效果，得到了甲方的认可！

从以上不难看出，上人屋面渗漏水采用免拆除系统进行综合治理，不仅满足了国家低碳环保、节能降耗的要求，而且在做到了保持屋面美观的原状前提下，在屋面结构板上的构造层层内重新构建了新的防水层，起到了良好的防水效果，是高效可行的渗漏维修新技术！

聚乙烯丙纶卷材在天安门城楼修缮工程中的应用

北京圣洁防水材料有限公司　杜昕[1]

1. 工程概况

天安门（图1），坐落在中华人民共和国首都北京市的中心、故宫的南端，是明清两代北京皇城的正门，始建于明朝永乐十五年（1417年），最初名为"承天门"，清朝顺治八年（1651年）更名为天安门。

天安门城楼是中国古代最壮丽的城楼之一，同时具有重大的政治意义，1949年10月1日，在这里举行了中华人民共和国开国大典，由此被设计入国徽，并成为中华人民共和国的象征，以杰出的建筑艺术和特殊的政治地位为世人所瞩目。1961年，中华人民共和国国务院公布为第一批全国重点文物保护单位之一。

天安门包括城楼、城台及东、西配房，城台为城砖砌体结构，城楼为古建砖木结构，东西配房为砖混结构，屋面为两层重檐歇山顶。总建筑面积7060.83m²，其中城台建筑面积4836.66m²，城楼建筑面积2006.82m²，东配房建筑面积108.675m²，西配房建筑面积108.675m²。城台高度为12.42m，城楼最高点高37.5m。天安门城台长109.74m、宽40.38m，城楼长66m、宽37m。

图1　天安门

新中国成立后，天安门城楼经过了4次较大的修缮。本次在新中国成立70周年庆祝大典前进行一次修缮，主要修缮项目：外墙、台面、汉白玉石材、城楼屋面、城楼外檐及室内油饰彩画和室内装饰装修、机电系统改造、智能建筑工程等项目，其中城台防水是重要项目，采用北京圣洁公司（0.8mm厚的聚乙烯丙纶防水卷材＋1.3mm聚合物水泥防水粘结料）×2＋面层2.0mm厚的速凝橡胶沥青防水涂料复合防水做法。

2. 修缮方案

2.1　基本要求

由于工程的重要性、位置的特殊性，本次防水工程设计、施工、材料必须满足以下基本要求：

（1）防水质量可靠，在设计工作年限不得渗漏水；

（2）施工安全，可操作性强，不动用明火；

---

[1]［作者简介］杜昕，女，1956年9月出生，中共党员，曾参编《地下防水施工技术规范》《地下防水质量验收规范》等10多项国家标准，先后完成了奥林匹克公园、奥运村、丰台垒球场等众多奥运防水工程和北京地铁5号线、6号线、8号线、10号线、15号线、16号线、八通线、亦庄线等地铁防水工程。现任北京圣洁防水材料有限公司董事长。

135

（3）防水材料绿色环保，施工中及投入使用后无毒、无味，对人体、环境友好。

2.2　防水基本方案

城台防水原设计采用 1200mm×600mm 规格铅板作防水层，经专题专家会议论证，铅板焊接缝近万延米，难以保证板缝焊接质量万无一失。经比对，最后确定采用北京圣洁公司（0.8mm 厚的聚乙烯丙纶防水卷材＋1.3mm 聚合物水泥防水粘结料）×2＋面层 2.0mm 厚的速凝橡胶沥青防水涂料的复合防水方案（图 2）。

防水工程由北京圣洁公司负责施工（图 3）。

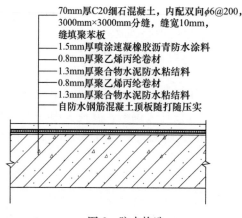

70mm厚C20细石混凝土，内配双向φ6@200，
3000mm×3000mm分缝，缝宽10mm，
缝填聚苯板
1.5mm厚喷涂速凝橡胶沥青防水涂料
0.8mm厚聚乙烯丙纶卷材
1.3mm厚聚合物水泥防水粘结料
0.8mm厚聚乙烯丙纶卷材
1.3mm厚聚合物水泥防水粘结料
自防水钢筋混凝土顶板随打随压实

图 2　防水构造　　　　　　　　图 3　施工队伍

2.3　方案优势

（1）聚乙烯丙纶卷材上下两表面覆有无纺布，增强了卷材的抗拉强度，增大了表面的粗糙度和摩擦系数，同时提高了与聚合物水泥粘结料的粘结力、与喷涂速凝橡胶沥青防水涂料的粘结力。

（2）聚乙烯丙纶卷材与喷涂速凝橡胶沥青防水涂料复合使用，优势互补，使防水层既具有卷材厚薄均匀、质量稳定的优点，又具有涂膜防水整体性好的优点，确保本工程的防水质量。

（3）潮湿基层可以施工，有利于加快施工进度和保证工期。

（4）防水材料环保，施工过程中无明火、无烟雾、无气味，投入使用后对环境和人体健康友好。

3. 施工技术

施工基本方法步骤：

（1）台面拆除原城砖，40mm 厚细石混凝土找坡，面层水泥砂浆找平。

（2）细部构造增强处理。

（3）涂布聚合物水泥粘结料（图 4）。

（4）铺贴聚乙烯丙纶防水卷材（图 5）。

（5）喷涂速凝橡胶沥青防水涂料。

4. 修缮效果

本工程的施工总包方高度重视工程管理和施工质量，认真熟悉图纸，熟悉设计、监理单位的技术交底，领会设计意图。严格防水工程施工全过程质量控制，对每一道工序均进行检查验收，做到了：

图4　配制聚合物水泥粘结料　　图5　铺贴聚乙烯丙纶防水卷材

（1）防水基层坚实、平整、干净；

（2）聚合物水泥粘结料涂布均匀，与基层粘结密实；

（3）聚乙烯丙纶防水卷材铺贴平整，无皱折、无空鼓、无翘边，与聚合物水泥粘结料粘结饱满、密实；

（4）喷涂速凝橡胶沥青防水涂料喷涂平整、均匀，一次纵横5～6遍喷涂完成设计要求厚度，无麻孔、气泡、皱折现象；

（5）一次通过质量验收，相关方面非常满意。

2019年5月8日北京电视台在现场专题采访天安门城楼维修工程参与专家，其中防水专家叶林标作了防水方案和施工做法的优点、质量可靠性的介绍。

本项目建设单位和施工总包方已申报"鲁班奖"。

惠普打印机预应力双T板厂房屋面渗漏治理技术

河南中原防水防腐保温工程有限公司　李志强[1]　吴文星　杨光磊

1. 工程概况

惠普年产1300万台喷墨打印机厂房及生活区，位于湖南省岳阳市城陵矶综合保税区。本项目屋面为预应力双T板拼装，防水面积69246.46m²，防水等级一级，采用2mm非固化橡胶沥青防水涂料＋2mmFST自粘型叠加（TPO）纳米合金防水卷材（沥青基）复合防水措施。屋面防水构造由下至上为：预应力双T板混凝土基层，屋面保温系统，混凝土找平层，2mm非固化橡胶沥青防水涂料，2mmFST自粘型叠加（TPO）纳米合金防水卷材（沥青基），如图1所示。

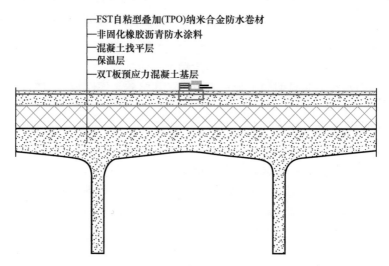

FST自粘型叠加(TPO)纳米合金防水卷材
非固化橡胶沥青防水涂料
混凝土找平层
保温层
双T板预应力混凝土基层

图1　屋面结构层次示意图

本项目屋面防水层完成后，还未正式竣工验收，即出现了较为普遍的渗漏水，使工程无法交付使用，不得不采取整体修复措施。

2. 渗漏原因

本屋面防水设计等级一级，定级准确；防水施工采用的防水材料符合设计要求，进场复验合格；采用2mm非固化橡胶沥青防水涂料＋2mmFST自粘型叠加（TPO）纳米合金防水卷材（沥青基）复合防水构造合理；施工质量无缺陷，施工程序合理，工艺操作规范、专业。

---

[1]［第一作者简介］　李志强，1976年12月出生，中共党员，高级工程师，河南中原防水防腐保温工程有限公司、驻马店中原世家防水防腐保温建材科技有限公司董事长，湖南中原防水防腐保温建材有限公司、湖南豫湘鲁万商贸易有限公司、湖南五九易贸科技有限公司法人代表，兼任中国建筑学会建筑防水学术委员会委员等行业专家。联系电话：13975046888。

造成本屋面渗漏与上述防水等级、防水材料、防水构造、防水专业施工均无因果关系。造成屋面大量渗漏是本工程不重视防水成品保护，施工中、施工后严重破坏防水层所导致。

1）不同工种交叉作业、吊装材料、堆放物品，破坏了防水层（图2～图4）；

2）相关工序安排不合理，屋面防水层完成后，在裸露防水层上安装一系列的管道、机电设施、设备基础等，破坏了防水层完整性和闭合体系（图5～图7）；

3）屋面防水层完成后，功能性隔热排气管部位重新调整，破坏了防水层；

4）屋面防水层完成后，增设了一系列的设备、功能用房，破坏了防水层。

图2 裸露防水层上放置重量吊装　图3 裸露防水层上堆放器材　图4 裸露防水层上堆放施工用料

图5 后安装设备　　　　　图6 安装设备用房　　　　　图7 防水层大量破损

3. 修缮方案

3.1 修缮方案

根据屋面构造特点、防水构造做法、防水层破坏程度，相关方面决定对屋面防水层进行整体修复。

（1）破损部位采用2mm非固化橡胶沥青防水涂料＋2mmFST自粘型叠加（TPO）纳米合金防水卷材（沥青基）复合防水层修补；

（2）后增设备房周围增加泛水；

（3）防水层修补完成后，屋面整体涂刷SWY—GT高弹厚质丙烯酸防水隔热涂料。

3.2 方案优势

（1）防水修复材料与原防水层材料完全一样，相容性不存在问题；

（2）非固化橡胶沥青防水涂料＋FST自粘型叠加（TPO）纳米合金防水卷材复合防水构造，重量轻，集防水、防腐、隔热多种功能于一体，非常适用于大型、大跨度工业厂房屋面；

（3）FST自粘型叠加（TPO）纳米合金防水卷材属合成高分子防水卷材，（TPO）纳米合金胶膜和沥青基自粘胶膜错层次叠加，具有抗老化、拉伸强度高、伸长率大、抗撕裂性能好，冷自粘施工，施工简便，可操作性强；

（4）卷材自粘搭接边被覆盖于（TPO）纳米合金胶膜搭接边下，通过热风焊接，使（TPO）纳米合金胶膜相互粘结，形成双重搭接的效果，使屋面形成完整的防水层；

（5）非固化橡胶沥青防水涂料与FST自粘型叠加（TPO）纳米合金防水卷材复合防水构造，可加强建筑气密性、水密性，有效防止卷材防水层窜水；

（6）SWY—GT高弹厚质丙烯酸防水隔热涂料为单组分涂料，以硅溶胶、进口丙烯酸等乳液、增塑剂、活性剂、抗冻剂和多种无机粉料经过高速搅拌分散而成，施工操作便捷、安全，与外层基面各种材料牢固粘结，密封性好，涂层高弹、高强，延伸率好，耐水性、抗渗性优异，抗紫外线、耐氧，使用年限长达20年以上，是国际流行的新型防水、抗渗、防腐、隔热反射、绿色环保材料。与纳米合金TPO材料更好地相配和结合，涂膜高弹可达450%以上，有效的与基层粘合封闭，起到更好的防水、隔热、耐老化、抗紫外线作用，同时具备很好的装饰效果。

4. 施工技术

4.1　工艺流程
（1）基层清理；
（2）拆除破损防水层；
（3）破损部位修补；
（4）修补部位防水层质量验收；
（5）面层涂刷SWY—GT高弹厚质丙烯酸防水隔热涂料；
（6）屋面防水修复工程验收。

4.2　施工操作要点
（1）将破损卷材拆除；
（2）对修补区域进行清理，卷材表面擦拭干净，清理范围从破损部位边缘外延不小于150mm；
（3）在清理干净的修补区域刮涂非固化橡胶沥青防水涂料，对破坏的破口处加强刮涂（图8）；
（4）将裁切好的TPO防水卷材揭除自粘隔离膜，平整地铺贴在已刮涂完非固化区域（图9）；
（5）持压辊无死角碾压铺贴完成的TPO防水卷材，使其最大程度地与原有卷材粘结；
（6）需焊接的搭接缝使用焊接机焊接，不焊接的搭接缝采用耐候密封胶或丁基防水密封胶带密封处理；
（7）涂刷SWY—GT高弹厚质丙烯酸防水隔热涂料：
1）涂料必须使用电动搅拌机搅拌，如稠度大可微量加净水调制，搅拌至均匀一致；

2）涂布第一遍 SWY—GT 高弹厚质丙烯酸防水隔热涂料，大面积用喷涂机喷涂，局部用橡胶刮板或滚筒、刷子涂布，涂布均匀，不漏涂、不露基面；

3）在第一遍涂布的涂膜固化后，及时进行 SWY—GT 高弹厚质丙烯酸防水隔热涂料第二遍涂布，施工工艺及标准同第一遍，涂刷五至六遍，薄涂多遍的修缮施工工艺（图 10）；

4）完成后涂膜总厚度不小于 1.5mm，涂膜固化前严禁上人踩踏，并应有 24h 养护期；

5）施工温度应在 0℃以上，施工时应避开雨天和四级风以上天气；

6）施工中，施工人员和现场施工管理人员应自检自验，保证质量符合标准要求（图 11、图 12）。

图 8　局部增强处理

图 9　局部增强处理

图 10　铺贴卷材

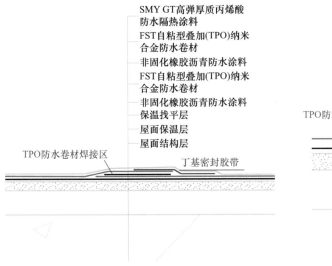

图 11　修复后屋面防水构造

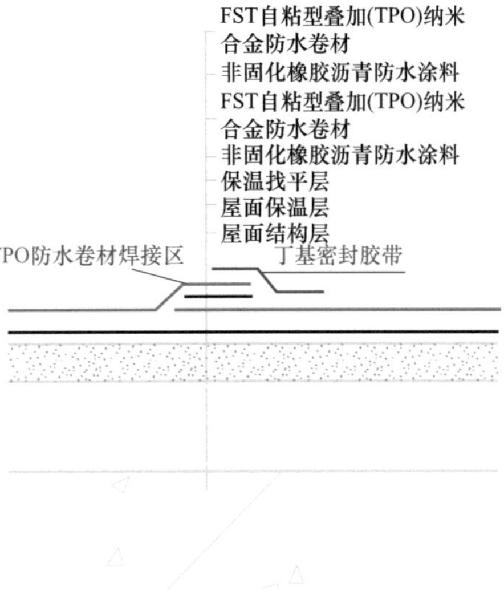

图 12　搭接部位构造做法

5. 修缮效果

按照修复方案，通过我司的精心组织和管理，顺利完成整个屋面防水工程修复，完全符合原设计要求，满足了工程使用，至今未发生渗漏，效果良好。修复后屋面见图 13，效果图见图 14。

图 13　修复后屋面

图 14　效果图

屋面渗漏修缮中外衣式防水隔热一体化技术

广东华珀科技有限公司　范修栋[1]　王杰明　宾光立

传统防水施工方案均基于皮肤式防水的理念，对于原有屋面防水补漏维修，基本都是先剔凿清理到结构层，然后再设置防水层及后续各层次构造。整个施工环节噪声大、粉尘多、建筑垃圾处理难度大、工序多、工期长。本文基于材料性能特点，创新性探讨使用外衣式的防水理念，对原有漏水屋面进行防水补漏修缮，达到质量可靠、施工简便、安全环保、经济适用、耐久美观的效果。

1. 工程概况

广东省佛山市某中学两栋教学楼屋面，面积约 $1500\mathrm{m}^2$，原防水层为聚氨酯防水涂料，面层铺设水泥砂浆保护层，采用中空水泥砖或陶瓷砖作隔热处理。近几年屋面出现渗漏，经反复补漏维修均未能解决渗漏，严重影响教学秩序。

2. 渗漏原因

（1）防水材料自然老化衰减，性能下降，不具有防水功能，原有防水层失效；

（2）女儿墙墙体侵蚀脱落，裸露砂浆层；

（3）屋面局部频繁维修、剔凿，破坏了原防水构造；

（4）混凝土自身收缩，建筑物沉降等因素。

3. 修缮方案

3.1　设计要点

（1）降低粉尘污染及噪声扰民，最大程度降低因屋面补漏维修对教学秩序的影响。

（2）尽可能施工简单方便，能够达到防水及保温隔热效果。

经过综合分析，采用单组分聚脲防水涂料＋丙烯酸聚氨酯防水隔热涂料为主要施工材料对该教学楼屋面制定了外衣式防水修缮保温一体化的方案。

3.2　主要材料

3.2.1　HP—111 混凝土基面聚脲专用底漆

聚脲专用底漆是一种以环氧树脂为主要成分的溶剂型双组分涂料。该产品渗透性良好，与混凝土有极强的附着力，而且与聚脲材料能够良好地粘结，是专门为聚脲涂料开发的一种用于混凝土基面的底漆。

（1）材料黏度低，渗透力强，能与混凝土良好结合，增加基面强度；

（2）良好的封闭能力，有效隔绝水汽，减少聚脲鼓泡和表面针孔的形成；

（3）可与聚脲产生化学键合，实现混凝土和聚脲的良好结合。

[第一作者简介]　范修栋，男，1983 年 5 月出生，工程师，广东华珀科技有限公司总经理，单位地址：广东省佛山市南海区狮山镇。邮政编码：520234。联系电话：13751850612。

3.2.2　HP—121混凝土基面聚脲专用腻子

聚脲专用腻子以聚脲专用底漆为基础材料，按照颗粒级配添加多种无机骨料、触变剂等经过精确配比组成的修补材料，能有效地修补混凝土表面的裂缝和孔洞。可用作新旧混凝土的基面处理和修补，特别适用于混凝土结构的竖立面的孔洞填补。

（1）封闭性好，能与混凝土有很强的附着力；

（2）施工时不容易流挂，有效填补基面缺陷；

（3）精找平，提高聚脲利用率，减少针眼产生；

（4）与聚脲材料兼容性好，聚脲附着力高。

3.2.3　HP—603单组分聚脲防水涂料

单组分聚脲防水涂料以高性能封闭潜固化聚脲树脂和异氰酸酯预聚物为主要成膜物，成膜涂层中含有大量脲键、缩二脲键、氨酯键以及氢键结构，使得高分子链段之间内聚力很大。涂层具有结构致密、拉伸强度高、防水防腐、耐磨耐候等特点，特别适合建筑物外露场合使用。

单组分聚脲防水涂料施工简单方便，克服了喷涂聚脲凝胶时间短，需要专业设备进行施工的弊端，因此具备许多优点：

（1）施工简便性，即开即用，滚涂、刷涂、刮涂均可；

（2）涂层致密，强度高且有弹性，抗冲击，耐磨；

（3）耐候性优异，可直接外露使用，达到防水防腐装饰一体化；

（4）重涂或修补施工简易，无需特殊处理；

（5）附着力好，与基面粘结牢固，不起泡，不脱落，不空鼓；

（6）防腐性能突出，可耐受水、酸、碱、盐等介质的侵蚀，适合地下水复杂环境使用；

（7）执行标准：JC/T 2435—2018，部分指标见表1。

材料性能指标　　　　　　　　　　　　　　　　　　　　表1

序号	项目		技术要求	
			I	II
1	固体含量（%）		80	
2	拉伸性能	拉伸强度（MPa）	≥15	≥20
		断裂伸长率（%）	≥300	≥200
3	撕裂强度（N/mm）		≥40	≥60
4	粘结强度	标准试验条件（MPa）	≥2.5或基材破坏	
		高低温浸水循环（MPa）	≥2.0或基材破坏	
5	人工气候老化（1500h）	外观	无开裂	
		拉伸强度保持率（%）	80～150	
		断裂伸长率（%）	≥250	≥150
		低温弯折性	−40℃，无裂纹	

3.2.4　HP—606丙烯酸聚氨酯防水隔热涂料

丙烯酸聚氨酯防水隔热涂料是一种丙烯酸乳液与聚氨酯树脂经复配改性而成的加入玻化微珠的弹性高分子涂料。该涂料具有优良的弹性、抗紫外线、抗老化、耐脏污、抗酸碱性能及有较高阳光反射比和半球反射率，特别适合在同体系材料表面作为面漆使用。

（1）抗紫外线、抗老化，外露使用寿命长。

（2）弹性涂层、防水透气、不易起鼓、开裂。

（3）优异的耐高温性能和低温性能（－30～88℃）。

（4）涂层具有良好的抗酸碱性能亦能长期抑制霉菌及藻类生长。

（5）水性涂料无毒无味，低 VOC 散发可持续施工。

4. 施工技术

清除隔热砖→基面修补→整体打磨→节点处理→涂刷底漆→批刮腻子→涂刷单组分聚脲防水涂料→涂刷丙烯酸聚氨酯防水隔热涂料

4.1 清除原有隔热砖

把屋面用于隔热效果的中空隔热砖全部清理干净，清除屋面原有构件支架等，使原有的防水保护层完整外露。

教学楼原屋面见图 1、图 2。

图 1　B 栋教学楼原屋面　　　　　　图 2　A 栋教学楼原屋面

4.2 修补破损部位

对原屋面防水保护层破损部位，采用聚合物砂浆进行修补抹平，女儿墙破损部位重新批荡修复，蜂窝麻面部位凿开重新修补平整，如图 3 所示。

4.3 整体打磨

对清理干净的基面进行全面打磨处理，使得基面坚实、无浮渣、无油污等，对节点部位特别是机械固定部位除了打磨之外，还应对金属构件底座进行除锈处理。基面整体打磨处理见图 4。

基面打磨可采用抛丸机、大型磨机、小磨机等进行打磨，不得漏磨，保证基面打磨后坚实、平整、有一定的粗糙度。

4.4 节点处理

对地漏口、设备支架、女儿墙阴阳角部位进行细部加强处理，拐角部位批抹成圆弧状。

4.5 涂刷底漆

对打磨并吹尘干净的基面进行聚脲专用底漆涂刷。基面须保持干燥，含水率小于 8％。

涂刷聚脲底漆可采用滚筒滚涂、刮板刮涂及毛刷涂刷等方式。聚脲专用底漆必须严格按照固化剂∶乳液＝1∶4进行精确配比，搅拌均匀并静置5min后使用，并于1h内使用完毕。全部涂刷底漆完毕后，为保证材料最佳使用性能，下道工序施工宜控制在24h内。滚刷混凝土基面专用底漆见图5。

图3　清除隔热砖及修补破损部位

图4　基面整体打磨处理

图5　滚刷混凝土基面专用底漆

4.6　批刮/滚涂聚脲专用腻子

　　满涂聚脲专用底漆的基面，如有局部蜂窝麻面或者不平整的，采用聚脲专用腻子进行精找平修复。精找平后的基面表面更加密实、平整，可降低聚脲材料的用量及增加整体粘结强度。

4.7　涂刷单组分聚脲防水涂料

　　完成以上工序并验收合格后，进行手工单组分聚脲防水涂料施工。聚脲涂刷施工按以下要求进行：

　　（1）聚脲涂层的涂刷施工应在底漆施工或腻子施工后6～24h内进行，在涂刷之前，应用干燥的高压空气吹掉表面的浮尘。

　　（2）聚脲施工环境温度范围在5～40℃，相对湿度不高于85％，基面温度至少高于空气露点温度3℃以上，施工场所应通风无尘，但不应有强风，严禁雨雪天或刮四级以上大风时施工。

　　（3）涂刷可采用滚涂、刷涂、刮涂等方式，涂刷应采用薄涂多遍原则，要求不少于两遍成型，且相邻两遍施工方向相互垂直，下一遍施工在上一遍施工表干后24h内完成，直至达到设定涂刷厚度。本项目设定厚度为2mm。如图6所示。

　　（4）涂刷过程中出现的针孔、起包等缺陷应及时处理后再局部涂刷一遍。

4.8　涂刷丙烯酸聚氨酯防水隔热涂料

　　（1）涂刷前，应用干燥的高压空气吹掉单组分聚脲防水涂层表面的浮尘。

　　（2）涂刷可采用滚涂、刷涂、刮涂等方式，涂刷应采用薄涂多遍原则，要求不少于两遍成型，且相邻两遍施工方向相互垂直，待前一道表干后方可实施下一道施工。

　　（3）涂刷时立面要防止流挂影响外观，保持整体一致。

　　教学楼屋面防水隔热施工后效果图见图7、图8。

图 6　涂刷单组分聚脲防水涂料的屋面

图 7　B栋教学楼防水隔热施工后效果图　　　　图 8　A栋教学楼防水隔热施工后效果图

5. 结语

项目从进场开工到施工完毕仅用 40 工时，既满足防水补漏要求，又能达到隔热效果，在满足要求的同时产生了良好的经济效益。整个项目从设计到实施，具有以下优势：

（1）不大面积开凿楼面，减少振动破坏的发生，能够最大程度降低对原建筑物的损伤；

（2）减少建筑垃圾的产生，减少因建筑垃圾清理、搬运、处理带来的安全风险及环境影响，既达到节能减排的效果又能增加项目效益；

（3）充分考虑各种材料的兼容性，降低不同材料之间形成界面差异的影响；

（4）让防水隔热层看得见，摸得着！后期维修保养成本低，破损修复方便快捷。

采用单组分聚脲防水涂料进行的外衣式防水修缮方案，真正具有施工简便、安全环保、节能减排、经济适用、耐久美观的优点。

卫生间同层渗漏治理技术

曹征富[1]　叶林标

1. 工程概况

北京某小区高层住宅楼住户卫生间，单套建筑面积约 $10m^2$，墙面、地面铺设大理石，内安装坐便器、洗面台、淋浴喷洒等卫生设备。卫生间相邻空间地面铺设木地板，墙面粉刷内墙涂料。住户入住后不久，发现卫生间相邻空间地面及墙面湿气较大，随着时间推移，地面铺设的木地板逐渐发霉、变质、变黑，墙面粉刷的涂料层逐渐粉化、开裂、翘皮、脱落，影响住户的居住环境。

物业管理部门认为是用户使用不当，将洗漱水溢出造成，用户予以否认。由于渗漏的原因与责任不明，问题一年多未能解决。

2. 渗漏原因

该卫生间采用的是涂膜防水层。经了解，防水涂层质量无问题，墙面防水高度符合规范要求，淋水和蓄水无渗漏，使用中也未发现上层向下层渗漏的问题。现场查勘发现卫生间存在同层水平渗漏，渗漏部位在卫生间门口；卫生间防水层质量无问题，但卫生间防水设计存在问题。分析渗漏原因为以下 3 个方面：

（1）卫生间地面标高设计不符合国家现行标准《建筑地面工程施工质量验收规范》GB 50209 中对有排水（或其他液体）要求的建筑地面面层与相连接各类面层的标高差的强制条文规定。该建筑楼面板同在一个标高，卫生间地面不仅没有低于相邻空间地面，相反，实际卫生间完成面反而高出相邻空间地面 30mm，形成了内高外低状况；

（2）卫生间地面石材采用普通水泥砂浆铺设，水泥砂浆粘结层无防水性能，地面渗透水饱和后必定向低处流淌，或向薄弱部位渗漏；

（3）卫生间门口又未设置挡水门槛，地面的积水通过门口逐步渗透到相邻空间地面，又通过毛细作用返到墙面上，致使墙面发霉、变质。

3. 修缮方案

本修缮方案采用在卫生间门口增设挡水措施的局部治理方案。治理措施分以下 4 个步骤进行：

（1）拆除卫生间门口处的饰面层及砂浆垫层直至防水层，拆除范围包括门口过门石及砂浆垫层，门口（内侧宽度不小于 150mm、长度为门的宽度＋400mm，两头分别为 200mm）范围内的饰面层及砂浆垫层；

（2）门口处浇筑聚合物细石混凝土挡水门槛，抹平压光。挡水门槛高度应高出卫生间

[1]［第一作者简介］曹征富，男，1946 年 10 月出生，大学本科，高级工程师，中国建筑学会建筑防水学术委员会名誉主任，长期从事防水技术应用、技术咨询、防水工程质量司法鉴定等工作，主持和参与上千项防水工程。

地面饰面层完成面 10mm 以上；

（3）采用与卫生间原防水材料相容的防水涂料作防水层。新做防水层与卫生间地面及侧墙原防水层搭接宽度不应小于 100mm，涂层应涂刷至挡水门槛平面，并包裹饰面层完成面以下的门框部位；

（4）采用聚合物水泥砂浆恢复垫层及粘贴饰面层。

4. 结语

本案例采用的修缮方案，对症下药、破坏性小、工期短、维修成本低，是一个优化的方案。如果卫生间地面标高按规范要求设计，或门口设置挡水门槛，就不会出现本案例的问题。

"三维立体"低压灌浆治理厨房渗漏技术

河南阳光防水科技有限公司　赵志龙[1]　郭艳芳　李玉良　王文立

1. 工程概况

甘肃平凉市兰廷中国宴酒店后厨"三维立体"低压灌浆渗漏修缮治理工程（以下简称"该工程"）属于室内防水工程修缮技术领域。

1.1　工程名称

甘肃平凉市兰廷中国宴酒店后厨"三维立体"低压灌浆渗漏修缮治理工程。

1.2　工程所在地区

甘肃省平凉市崆峒区世纪花园 A 区柳湖路十字路口兰廷中国宴二楼酒店后厨。

1.3　工程特点

该工程为酒店后厨渗漏修缮工程，后厨内部管道、角落及设施摆放众多，增加了施工难度，该工程施工期间不允许停业，需在后厨下班后进行施工，施工时间短，传统的将地砖砸掉重做防水层的方案必然影响酒店后厨的正常运营，因此采用"三维立体"低压灌注"渗透结晶无机注浆料"进行施工，在压力作用下，确保防水剂充分下渗，修复防水层与结构层，治愈漏水问题。

1.4　原防水等级与防水设防措施

原防水等级为Ⅲ级，原防水设防措施为在地面整体涂刷"JS复合防水涂料"，涂膜厚度1.5mm，对于穿墙管道、地漏口、阴阳角等特殊位置粘贴聚酯布进行加强处理。

2. 渗漏原因

该工程施工区域为后厨，地砖表面及缝隙内油污堆积，极难清理，地砖为吸水砖，且地砖下有 100mm 厚的砂浆层和 250mm 厚的炉渣回填找坡层。因此楼板以上结构层内积水严重，导致一楼用餐大厅顶板及墙面多处潮湿，装饰板受潮脱落，其中的一个吊灯因漏水引起短路而烧毁，严重影响到大厅的正常使用。

3. 修缮方案

为确保工程质量，该工程采用整体修缮方案；与传统的砸掉瓷砖重做防水层、使用堵漏剂批缝处理等措施不同，本整体修缮方案采取的措施为：对薄弱环节，如穿墙管道、地漏、阴阳角、排水沟等部位使用特种柔韧性材料进行重点密封处理，整体在不破坏装饰层的前提下，地面采用低压灌注"渗透结晶无机注浆料"进行堵漏修缮的技术措施，通过机器的压力作用，防水剂在结构层内部发生化学反应生成不溶于水的胶体和晶体混合物，堵塞毛细孔、毛细缝渗漏水通道，科学修复结构层与防水层，从而治愈渗漏水难题；所用的

---

[1]［第一作者简介］赵志龙，男，1989 年 12 月出生，河南阳光防水科技有限公司，单位地址：河南省郑州市高新区瑞达路 96 号创业中心 2 号楼 A1018 室。邮政编码：450001。联系电话：13213405151。

防水修缮材料主要为阳光牌"渗透结晶无机注浆料"、"自愈合防水密封胶"、"抗渗堵漏剂"、"瞬间堵漏剂"等材料；质量要求符合团体标准《厨卫浴防水工程技术标准》T/HNBWA 2—2021 的规定，经不少于 24h 闭水检验后，无渗漏为合格。

4. 施工技术

4.1 施工工艺

（1）施工准备：使用合适的工具堵住排水口，清理施工现场杂物，打扫干净施工基面。

（2）管道固定：从下层观察，若管道与现浇顶间缝隙明显太大，应在顶板下管道周围用"瞬间堵漏剂"进行封闭。

（3）封管处理：针对穿楼板及穿墙管道，绕管道四周开凿适当深度和宽度的环形槽，槽底部嵌填入调配好的"自愈合防水密封胶"，厚度 10～20mm，然后用"瞬间堵漏剂"或"抗渗堵漏剂"封闭环形槽口。

（4）双液灌浆施工准备：针对墙地面或墙角明显较大的缝隙（一般指宽 1mm 以上），用"瞬间堵漏剂"进行封堵，防止灌浆时跑浆。

（5）钻注浆孔：在钻注浆孔的时候，选择注浆料方便向周边扩散的位置且尽量隐蔽的部位钻孔，如砖与砖的结合缝、墙角等位置，并及时拧上专用止水针头，每个止水针头可在 $1～6m^2$ 范围内扩散。

（6）灌浆施工：在现场选择合适位置放置好双液注浆机，确保机器放置平稳，注意接电插板不被可能出现的跑浆浸湿。理顺电源线及注浆管，把牛油头插到止水针头上，打开操作手柄上的开关，开动机器电源进行注浆。严密观察注浆范围溢浆情况，分析浆液扩散方向，及时调整注浆位置，确保浆液均匀扩散不留死角。注浆压力一般掌握在 $200kg/cm^2$ 以下，特殊部位适当增压，但最高不要超过 $400kg/cm^2$ 安全压力。低压灌浆施工见图 1。

图 1　低压灌浆施工

（7）细部节点再处理：对排水沟沿处的脏污清理干净，批刮"抗渗堵漏剂"并按压密实，并将盖板重新盖上。

（8）临时保护，施工结束。用"瞬间堵漏剂"封堵地板砖缝隙，对渗入地板砖下的"渗透结晶无机注浆料"进行临时保护，施工后的场所当天即可投入使用。

4.2 关键部位处理

4.2.1 穿墙管道处理措施

（1）使用电锤等工具在穿墙管道周边开凿适当深度和宽度的环形槽，并清理干净环形槽内的活动物质。

（2）在槽底部嵌填调配好的"自愈合防水密封胶"，并按压密实；厚度为 10～20mm。

（3）用"瞬间堵漏剂"或"抗渗堵漏剂"封闭环形槽口，使得"自愈合防水密封胶"处于受约束状态。

4.2.2　地漏处理措施

（1）使用电锤等工具在地漏周边开凿适当深度和宽度的环形槽，并清理干净环形槽内的活动物质。

（2）在槽底部嵌填调配好的"自愈合防水密封胶"，并按压密实，厚度为 10～20mm。

（3）用"瞬间堵漏剂"或"抗渗堵漏剂"封闭环形槽口，使得"自愈合防水密封胶"处于受约束状态。

4.2.3　墙角大缝隙处理措施

针对墙地面或墙角明显较大的缝隙（一般指宽 1mm 以上），先向缝隙内采取低压慢灌的方式灌注"持粘高弹聚脲注浆料"，待浆液饱满后，用"瞬间堵漏剂"或"抗渗堵漏剂"对缝隙面层进行封堵。

4.3　施工过程质量控制措施

4.3.1　质量控制基本原则

（1）以治本为主、治标为辅、标本兼治、综合治理为指导进行科学的方案设计，遵循"防、排、截、堵相结合，刚柔相济，因地制宜，综合治理"的原则。

（2）对关键工序和工程部位，制定质量预控措施，重点监管。

4.3.2　质量控制措施

（1）加强安全用电管理，施工现场按规范搭接电线，未经允许不得私拉电线。

（2）安排专员现场监督，随时注意施工人员是否按操作规程、工艺标准施工，发现不利于保证工程质量的情况，及时加以控制和纠正。

（3）加强现场施工规范管理，合理安排作业计划和施工进度，严把质量关，做到省时、省力、省材料。

（4）时刻关注现场施工情况，注浆施工过程中时刻关注浆液扩散情况，合理控制注浆量。

（5）加强现场设施保护，根据工程需要对设施进行覆盖，非必要不移动现场设施。

（6）做好质量管理点设置与管理工作：对保证施工质量难度大、容易出现问题的部位和发生质量问题危害大的工序设置质量控制点或管理点，在施工过程中对这些控制点或管理点进行监测和控制。

（7）工程整体完工后，再次检查所有关键节点，对于存在隐患部位再次进行处理并采取保护措施，直至验收合格。

5. 修缮效果

该工程采用细部节点重点处理，整体低压灌注"渗透结晶无机注浆料"施工，施工过程中未造成粉尘等污染，不影响酒店后厨正常运行，实现不停业微损伤治愈厨房渗漏水问题，施工后经不少于 24h 的闭水检验后，无渗漏水现象发生。

负压隔离病房卫生间渗漏免砸砖渗漏修缮技术

河南阳光防水科技有限公司　王文立[1]　赵志龙　郭艳芳　李玉良

1. 工程概况

鹤壁市淇县人民医院"新冠肺炎"负压隔离病房卫生间免砸砖渗漏修缮工程（以下简称"该工程"），属于室内防水工程修缮技术领域。

1.1　工程名称

鹤壁市淇县人民医院"新冠肺炎"负压隔离病房卫生间免砸砖渗漏修缮工程。

1.2　工程所在地区

河南省鹤壁市淇县人民路淇县人民医院。

1.3　工程特点

为应对"新冠肺炎"的挑战，鹤壁市淇县人民医院"新冠肺炎"负压隔离病房改造，要在最短时间内将普通病房改造成为隔离病房，其中二十多个病房的卫生间渗漏修缮治理工程，需要在3天时间内完成，且需要与病房改造建筑队交叉施工，时间紧、任务重，传统砸砖重做防水层的工艺无法满足质量和时间要求，因此采用"免砸砖"新工艺治理漏水问题。

1.4　原防水等级与防水设防措施

原防水等级为Ⅲ级，原防水设防措施为在地面整体涂刷"JS复合防水涂料"，涂膜厚度1.5mm，对于穿墙管道、地漏口、阴阳角等特殊位置粘贴聚酯布进行加强处理。

2. 渗漏原因

鹤壁市淇县人民医院负压隔离病房共4层，一层用于救治确诊病人，二、三、四层病房进行改造，因防水层老化、细部节点处理不到位等各方面因素导致卫生间向楼下房间渗漏水，引起楼下装饰层损坏、墙面潮湿等情况的发生，影响正常的使用功能。

3. 修缮方案

为确保工程质量，该工程采用整体修缮方案；就整体渗漏修缮方案而言，对薄弱环节，如穿墙管道、地漏、阴阳角、便器等部位使用特种柔韧性材料进行重点处理，整体在不破坏装饰层的前提下，地面采用自然渗透"厨卫浴不砸砖防水剂"进行免砸砖渗漏修缮治理的技术措施，防水剂通过在结构层内部发生化学反应生成不溶于水的胶体和晶体混合物，堵塞毛细孔、毛细缝渗漏水通道，科学修复结构层与防水层，从而治愈渗漏水难题；所用的防水修缮材料主要为阳光牌"厨卫浴不砸砖防水剂""自愈合防水密封胶""抗渗堵漏剂""瞬间堵漏剂""纳米硅防水胶"等材料；质量要求符合团体标准 T/HNBWA 2—2021

[1]［第一作者简介］　王文立，男，1965年5月出生，现任河南阳光防水科技有限公司董事长、总工程师，单位地址：河南省郑州市高新区瑞达路96号创业中心2号楼A1018室。邮政编码：450001。联系电话：15538086111。

《厨卫浴防水工程技术标准》的规定，经不少于24h闭水检验后，无渗漏为合格。

4. 施工技术

4.1　施工工艺

（1）施工准备：使用合适物品堵住排水口，清理施工现场杂物，打扫干净施工基面。

（2）管道固定：从下层观察，若管道与现浇顶间缝隙明显太大，应在顶板下管道周围用"瞬间堵漏剂"进行封闭加固。

（3）封管处理：针对穿楼板及穿墙管道，绕管道四周开凿适当深度和宽度的环形槽，槽底部嵌填入调配好的"自愈合防水密封胶"，厚度10～20mm，然后用"瞬间堵漏剂"或"抗渗堵漏剂"封闭环形槽口。

（4）暗排水口处理：如蹲便器、拖把池、浴盆等器具或设备下面漏水，一般需要拆除掉，选用"抗渗堵漏剂""纳米硅防水胶"等把器具下面整体作防水处理，然后检查器具与上水管连接处橡胶塞的情况，并做好密封加固措施。

（5）清理缝隙：用批刀或壁纸刀划开地板砖缝，清理干净缝内部沉积的活动垃圾、污渍等杂物（图1）。

（6）渗透结晶施工：按照施工的地面面积每平方米准备0.5kg"厨卫浴不砸砖防水剂"A组分，加3倍的清水稀释后，倒在地板砖上，用笤帚或拖把从低处向高处扫（前10min必须不停地扫动，以后每10min扫动一次），2h后清理A组分残留液（如2h内A组分渗透完毕马上进行下一道工序），将地面打扫干净，不得用水冲洗。如图2所示。

图1　清理缝隙　　　　　　　　　图2　渗透结晶施工

（7）反应结晶施工：把"厨卫浴不砸砖防水剂"B组分用3倍的清水稀释后，倒在地板砖上，从低处往高处扫，前10min必须不停地扫动，以后每10min扫动一次，直到防水剂不再往缝隙里渗漏为止（3h左右）；然后用拖把、抹布拖洗三遍确认地面干净。

（8）细部节点再处理：墙角缝隙封闭，墙面与地面的夹角一般较大，且"厨卫浴不砸砖防水剂"在渗透施工过程中不太容易从横向的缝隙进入墙体内部，因此应采用"瞬间堵漏剂"或"抗渗堵漏剂"对墙角进行封闭处理。

（9）临时保护，施工结束。用"瞬间堵漏剂"封堵地板砖缝隙，对渗入地板砖下的"厨卫浴不砸砖防水剂"进行保护，施工后的房间当天即可投入使用。

4.2 关键部位处理

4.2.1 穿墙管道处理措施（图3）

（1）使用电锤等工具在穿墙管道周边开凿适当深度和宽度的环形槽，并清理干净环形槽内的活动物质。

（2）在槽底部嵌填调配好的"自愈合防水密封胶"，并按压密实，厚度为10～20mm。

（3）用"瞬间堵漏剂"或"抗渗堵漏剂"封闭环形槽口，使得"自愈合防水密封胶"处于受约束状态。

4.2.2 地漏处理措施（图4）

（1）使用电锤等工具在地漏周边开凿适当深度和宽度的环形槽，并清理干净环形槽内的活动物质。

（2）在槽底部嵌填调配好的"自愈合防水密封胶"，并按压密实，厚度为10～20mm。

（3）用"瞬间堵漏剂"或"抗渗堵漏剂"封闭环形槽口，使得"自愈合防水密封胶"处于受约束状态。

图3 洗手池穿墙管道处理   图4 地漏口处理

4.2.3 墙角大缝隙处理措施

针对墙地面或墙角明显较大的缝隙（一般指宽1mm以上），先向缝隙内采取低压慢灌的方式灌注"持粘高弹聚脲注浆料"，待浆液饱满后，用"瞬间堵漏剂"或"抗渗堵漏剂"对缝隙面层进行封堵。

4.2.4 蹲便池暗排水口处理措施

（1）将蹲便池进出水口处的地砖拆除，清理至结构层。

（2）更换橡胶密封圈，并使用"抗渗堵漏剂"做加固处理。

（3）回填混凝土并恢复原貌。

4.3 施工过程质量控制措施

4.3.1 质量控制基本原则

坚持"安全第一、质量至上"的指导方针，从渗漏修缮方案的制定、材料的选择到施工严格要求，实现从根源处治愈渗漏难题。

4.3.2　质量控制措施

（1）了解工程细部节点及整体工程渗漏概况，本着"适用、安全、合理、经济"的原则根据实际渗漏情况编制对应的施工方案。

（2）与现场其他工序的施工队伍做好协调，合理安排施工时间，确保关键工序的完整性，以及确保交叉施工时其他工序不会对已完工的防水工程造成破坏。

（3）实行施工队长责任制，由施工队长一人负责整体施工流程的执行和管理，非必要情况下，不更换施工队长，若特殊情况需更换施工队长，做好交接手续后方可更换，避免出现管理流程断层现象。

（4）安排专员现场监督施工人员是否按操作流程、工艺标准的要求施工，发现不利于保证工程质量的情况，及时进行纠偏改正。

（5）施工期间做好安全保障措施，佩戴安全帽、手套等护具，特殊工序佩戴护目镜，以减少安全隐患。

（6）施工所用材料严把质量关，并分类堆放。

（7）施工过程中非必要不离开施工区域，将施工时所产生的垃圾及时清理。

（8）工程整体完工后，细部检查所有关键节点，以及交叉施工的交叉部位，对于存在隐患部位再次进行处理并采取保护措施直至验收合格。

5. 修缮效果

该工程采用细部节点重点处理，整体自然渗透"厨卫浴不砸砖防水剂"进行施工，施工周期短，微损伤治愈卫生间渗漏水问题，经不少于24h闭水检验后，无渗漏水现象。

公共浴池渗漏低压灌浆修缮技术

河南阳光防水科技有限公司　郭艳芳[1]　李玉良　王文立　赵志龙

1. 工程概况

陕西富县党家河煤矿公共浴池不停业低压灌浆免砸砖渗漏修缮治理工程（以下简称"该工程"）属于室内防水工程修缮技术领域。

1.1　工程名称

陕西富县党家河煤矿公共浴池不停业低压灌浆免砸砖渗漏修缮治理工程。

1.2　工程所在地区

陕西省延安市富县张村驿镇党家河村"陕西富源煤业有限责任公司"生产区。

1.3　工程特点

该工程属于在用建筑不停业渗漏修缮治理工程，该工程存在以下难点：因用水量大，楼板结构层内水分已饱和，只能采取低压灌浆的方式进行施工；管道设置复杂，施工难度大；施工期间不得影响公共浴池正常运行。

1.4　原防水等级与防水设防措施

原防水等级为Ⅲ级，原防水设防措施为在地面整体涂刷"JS复合防水涂料"，防水层厚度为 1.5mm，对穿墙管道、地漏、阴阳角等特殊位置粘贴聚酯布进行加强处理。

2. 渗漏原因

公共浴池用水量大，水源在地面形成堆积，因原地面防水层老化，地漏口、穿墙管道等细部节点位置处理不到位，导致水源渗入结构层，顺着现浇楼板振捣不密实处、毛细孔毛细缝等通道渗漏到下一层及结构墙体内，给楼下办公人员造成不便，同时导致墙壁受潮发霉，轻者影响美观，重者缩短建筑物的使用寿命。

3. 修缮方案

为确保工程质量，该工程采取整体修缮方案；本工程采用局部细节部位重点处理，整体在不破坏装饰层的前提下，墙地面低压灌注"渗透结晶无机注浆料"进行免砸砖渗漏修缮的技术措施；所用的防水修缮材料主要为阳光牌"渗透结晶无机注浆料""自愈合防水密封胶""抗渗堵漏剂""瞬间堵漏剂"等材料；质量要求符合团体标准《厨卫浴防水工程技术标准》T/HNBWA 2—2021 的规定，经不少于 24h 闭水检验后，无渗漏为合格。

4. 施工技术

4.1　施工工艺

（1）关键部位细节处理：使用"自愈合防水密封胶""抗渗堵漏剂"对穿墙管道、地

---

[1][第一作者简介]　郭艳芳，女，1985 年 11 月出生，河南阳光防水科技有限公司，单位地址：河南省郑州市高新区瑞达路 96 号创业中心 2 号楼 A1018 室。邮政编码：450001。联系电话：13213408181。

漏、墙角大缝隙等薄弱环节进行细部节点重点处理。

（2）低压灌注渗透结晶无机注浆料施工准备：与甲方负责人做好技术交底并了解工程概况，了解埋设的管道、线路等走向情况，根据需要使用专用探测仪器了解清楚现场情况，选择注浆料方便向四周扩散的位置且尽量隐蔽的部位钻孔，一般选择砖与砖的结合缝部位或墙角等位置钻取注浆孔并及时拧上专用止水针头。

图1　低压灌注渗透结晶无机注浆料施工

（3）灌注"渗透结晶无机注浆料"施工：在现场选择合适位置放置好双液注浆机，确保机器放置平稳，注意接电插板不被可能出现的跑浆浆液浸湿，理顺电源线及注浆管，把牛油头插到止水针头上，打开操作手柄上开关，开动机器电源开始低压灌注"渗透结晶无机注浆料"。严密观察注浆范围溢浆情况，分析浆液扩散方向，及时调整注浆位置，确保浆液均匀扩散不留死角。如图1所示。

（4）表面恢复：注浆施工完毕后，使用"瞬间堵漏剂"或"抗渗堵漏剂"对瓷砖缝隙进行封堵，对楼板结构层内的"渗透结晶无机注浆料"起到保护作用，以确保其充分反应固化。

4.2　关键部位处理

4.2.1　穿墙管道处理措施

绕穿墙管道周边开凿适当深度和宽度的环形槽，底部嵌填"自愈合防水密封胶"，厚度为10～20mm，最后用"瞬间堵漏剂"或"抗渗堵漏剂"封闭环形槽口，确保"自愈合防水密封胶"始终处于受约束状态。如图2所示。

4.2.2　地漏处理措施

绕地漏口四周开凿适当深度和宽度的环形槽，底部嵌填"自愈合防水密封胶"，厚度为10～20mm，最后用"瞬间堵漏剂"或"抗渗堵漏剂"封闭环形槽口，确保"自愈合防水密封胶"始终处于受约束状态。

地漏及穿墙管道周边存水情况见图3。

图2　穿墙管道处理措施

图3　地漏及穿墙管道周边存水情况

4.2.3 墙角大缝隙处理措施

针对墙地面或墙角明显较大的缝隙（一般指宽1mm以上），先向缝隙内采取低压慢灌的方式灌注"高弹持粘聚脲注浆料"，待浆液饱满后，用"瞬间堵漏剂"或"抗渗堵漏剂"对缝隙面层进行封堵。如图4所示。

4.2.4 铆钉处理措施

对于墙体上安装的不锈钢或其他材质的铆钉装置进行拆卸，露出基层，检查管节部位，使用"自愈合防水胶"等密封材料进行密封处理，最后使用"瞬间堵漏剂"或"抗渗堵漏剂"进行加固封堵处理，而后恢复构造。

4.3 施工过程质量控制措施

（1）勘测工程概况，了解工程特点，根据渗漏水原因编制可执行性的施工方案。

（2）做好事前安排工作，加强沟通，合理安排人员及材料进场，以避免不必要的窝工。

图4　墙角缝隙封闭处理

（3）加强用电管理：施工过程中用到电源时，由专业电工进行搭接电线，其他人员不得私自拉扯电线和使用超过额定功率的电器，避免触电事故的发生。

（4）加强施工队伍素质建设，每次开工前进行任务分派，做到进场有序、施工有序。

（5）实行施工队长责任制，由施工队长一人负责整体施工流程的执行和协调管理，非必要情况下，不更换施工队长，若特殊情况需更换施工队长，做好交接手续后方可更换，避免出现断层现象。

（6）安排专员现场监督施工人员是否按操作流程、工艺标准的要求施工，发现不利于保证工程质量的情况，及时进行纠偏改正。

（7）工程整体完工后，再次检查所有细部关键节点，对于存在隐患部位再次进行处理并采取保护措施，直至验收合格。

5. 修缮效果

该工程采用细部节点重点处理，整体低压灌注"渗透结晶无机注浆料"的施工工艺，实现不停业微损伤治愈公共浴池渗漏水问题，施工后经不少于24h闭水检验后，无渗漏水现象。

赛柏斯（XYPEX）材料在正佳极地海洋世界生物馆渗水修补工程的应用

北京城荣防水材料有限公司/深圳市赛柏斯防水材料有限公司　章伟晨[1]　周康

1. 工程概况

广州市正佳极地海洋世界坐落于广州市核心商业区的大型商业中心正佳广场西侧二、三、四层（图1），总建筑面积超 58000m²，共 22 个主题展区，拥有 500 种超 30000 只极地海洋生物，是目前为止全球首座同时也是规模最大的室内空中极地海洋馆，拥有 6 项全球首创和 7 项世界之最，其中就有世界最长的 44m 亚克力单体水族展示缸。海洋馆主缸水深约 8.5m，中缸水深约 6.5m，小缸水深约 1～2m。将 12000t 海水悬空安置在一个正在营业的购物中心，是世界仅有的。

图1　正佳极地海洋世界

2. 修缮方案

2015 年 11 月，主缸完成第一次放水测试。试水时主缸在工缝部位采用压力灌浆效果达不到要求，当水位升至 1m 时就发现缸体底部多处出现渗水，渗漏部位主要位于穿墙管、施工缝和剪力墙与缸体连接处等部位（图2～图5）。

图2　缸外混凝土结构渗漏 1

图3　缸外混凝土结构渗漏 2

考虑到本项目处于大型商场内部，且全部是海水，因此渗漏维修除了要能够止水外，还对于抗腐蚀和耐久性都有着极高的要求，否则将会对业主的经营造成很大的损失。通过广东省建筑设计研究院推荐赛柏斯在东莞中国散裂中子源项目的防水补漏取得明显效果，最终通过业主、设计院和相关专家组的多次研讨论证，决定使用赛柏斯（XYPEX）的产

[1]［第一作者简介］章伟晨，男，1971 年 11 月出生，高级工程师，北京城荣防水材料有限公司，单位地址：北京市东城区安德路甲 61 号红都商务中心 A500-505。邮政编码：100011。联系电话：010-84124880。

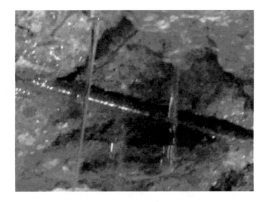

图 4　一楼商场顶板渗漏 1　　　　　　图 5　一楼商场顶板渗漏 2

品和工艺对渗漏问题进行全面修复，维修工作由深圳市赛柏斯防水材料有限公司来实施。

3. 施工技术

3.1　基本方案

海洋世界生物馆大缸、中缸试水，在缸外混凝土结构出现渗水问题。根据业主的要求对大缸内壁、中缸内壁、大缸外部、中缸外部、观光隧道和一楼商场顶板等进行渗漏修补施工。对于穿墙管、施工缝和剪力墙与缸体连接处等渗漏部位，需要带水堵漏（具体操作见图 18 渗漏裂缝的处理），将渗漏封堵住后，再进行涂刷施工。

施工情况见图 6～图 13。

图 6　观光隧道维修　　　　　　　　图 7　缸外混凝土结构维修 1

图 8　缸外混凝土结构维修 2　　　　图 9　缸内混凝土结构维修 1

图 10　缸内混凝土结构维修 2

图 11　混凝土结构维修

图 12　一楼商场顶板维修

图 13　现场材料

3.2　渗漏治理主要材料简介

3.2.1　XYPEX（赛柏斯）浓缩剂

XYPEX（赛柏斯）浓缩剂是由波特兰水泥、硅砂和多种特殊的活性化学物质组成的灰色粉末状无机材料。其工作原理是与水混合均匀涂刷（喷涂、干撒）在混凝土表面，以水为载体，借助渗透作用，在混凝土孔隙及毛细管中传输并与混凝土内部的水泥水化产物进行化学反应，生成不溶于水的结晶体，堵塞混凝土内部孔隙从而达到防水的目的。

（1）材料特点：

1）能耐受强水压，可承受 1.5～1.9MPa。

2）其渗透结晶深度是时间越长，结晶越深。实验检测 12 个月渗透深度达 300mm。

3）XYPEX（赛柏斯）浓缩剂涂层对于混凝土结构出现的 0.4mm 以下的裂缝遇水后有自我修复的能力，这种能力是永久的。

4）XYPEX（赛柏斯）浓缩剂无毒、无公害。

5）XYPEX（赛柏斯）浓缩剂可用在迎水面或背水面施工。

（2）水泥基渗透结晶型防水材料性能指标：

赛柏斯浓缩剂主要性能指标见表 1。

赛柏斯浓缩剂（XYPEX CONCENTRATE）主要性能指标表　　　　表1

检测项目		标准要求	检验结果
抗压强度（28d，MPa）		≥15.0	25
湿基面粘结强度（28d，MPa）		≥1.0	1.2
混凝土抗渗性能	基准混凝土28d抗渗压力（MPa）	$0.4^{+0.0}_{-0.1}$	0.3
	带涂层混凝土的抗渗压力（28d，MPa）	—	1.0
	抗渗压力比（带涂层）（28d，%）	≥250	333
	去除涂层混凝土的抗渗压力（28d，MPa）	—	0.8
	抗渗压力比（去涂层）（28d，%）	≥175	267
	带涂层混凝土的第二次抗渗压力（56d，MPa）	≥0.8	1.0

注：赛柏斯浓缩剂符合 GB 18445—2012 的规定。

3.2.2　XYPEX（赛柏斯）堵漏剂

XYPEX（赛柏斯）堵漏剂是专门用于快速堵水的灰色粉状速凝材料。用于快速封堵无渗漏裂缝、有渗漏裂缝（点）及需快速止水的部位。

（1）材料特点：

1）速凝型、不收缩，不易老化，抗渗压力高。

2）可长期耐受强水压，防水性能不衰减。

3）快速止水，施工简单。

（2）无机防水堵漏材料性能指标：

赛柏斯堵漏剂主要性能指标见表2。

赛柏斯堵漏剂（XYPEX PATCH'N PLUG）主要性能指标　　　　表2

序号	检测项目		标准要求	检测结果
1	凝结时间	初凝（min）	≤5	2.8
		终凝（min）	≤10	4.2
2	抗压强度（1h，MPa）		≥4.5	6.8
3	抗压强度（3d，MPa）		≥15.0	18.7
4	抗折强度（1h，MPa）		≥1.5	2.3
5	抗折强度（3d，MPa）		≥4.0	4.7
6	试件抗渗压力（7d，MPa）		≥1.5	1.7
7	粘结强度（7d，MPa）		≥0.6	0.7
8	耐热性（100℃，5h）		无开裂、起皮、脱落	无开裂、起皮、脱落
9	冻融循环（−15～+20℃，20次）		无开裂、起皮、脱落	无开裂、起皮、脱落
10	外观		色泽均匀、无杂质、无结块	色泽均匀、无杂质、无结块

注：赛柏斯堵漏剂符合 GB 23440—2009 的规定。

3.3　工具准备

钢丝刷、电动打磨机、高压水枪、电动砂轮、喷雾器具、凿子、锤子、专用尼龙刷等。

3.4　施工

3.4.1　施工工艺流程

基层处理 → 特殊部位（施工缝、后浇带、大于 0.4mm 宽的结构裂缝、穿墙管件等）加强 →
清扫湿润基面 → 涂刷两道 XYPEX "浓缩剂" 灰浆层 → 人工养护 72h → 自然养护 28d。

3.4.2　基层处理

对混凝土表面处理，使混凝土毛细管通畅；施工缝、裂缝、穿墙管、埋设件、蜂窝等缺陷，必须精心处理并先用防水材料填充加强密封。

（1）混凝土基层处理是关键。对光滑的混凝土表面，宜用高压射水法、打磨机打磨法将混凝土表面打毛，并用水清洗干净，具体方法应根据现场的实际条件选定。

（2）对蜂窝及疏松结构均应凿除，用水冲洗干净，直至见到坚硬的混凝土基层，在潮湿的基层表面涂刷 XYPEX "浓缩剂" 灰浆，随后用防水砂浆填补压实（图 14）。

3.4.3　特殊部位修补加强工艺

（1）修补范围。

加强部位包括：结构表面缺陷、裂缝、施工缝，钢筋头、管根等部位。

（2）修补材料选择及基本操作。

修补加强操作主要使用 XYPEX（赛柏斯）浓缩剂、堵漏剂。

1）浓缩剂第一作为修补时涂层使用，以便加强催化剂渗透能力以及加强修补部位的粘结力（涂刷操作参照 XYPEX 浓缩剂、增效剂使用说明）。

2）使用浓缩剂半干料团作为修补嵌填材料，浓缩剂半干料团水灰比为 6∶1。

3）加强部位有明水时，使用堵漏剂剂料团作为修补嵌填材料，堵漏剂料团水灰比为 3.5∶1，嵌填进修补部位，堵漏剂属于快干材料，调制料后需在 1～2min 内使用完毕。

4）修补完毕后，再在修补处涂刷一遍浓缩剂灰浆。

（3）具体部位修补加强说明。

1）对蜂窝、疏松结构应凿除，至见到坚硬的混凝土基层，并在潮湿的基层上涂刷一层 XYPEX "浓缩剂" 涂层，随后用砂浆填补并捣固密实（图 14）。

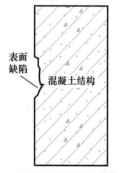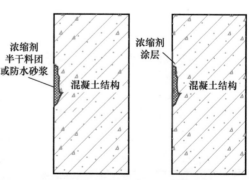

1.将混凝土缺陷中的松动部分凿除，清理干净，用水湿润。　　2.先在缺陷中涂刷一道 XYPEX "浓缩剂" 灰浆。　　3.再用浓缩剂半干料团或高强度等级防水砂浆补平。　　4.最后在修补表面再涂刷一道 XYPEX "浓缩剂" 灰浆。

图 14　混凝土结构缺陷修补处理

2）水平施工缝处均凿成 20mm×20mm 的 U 形槽，槽内用水冲净，无明水，槽内涂

XYPEX"浓缩剂"，待初凝后，用 XYPEX"浓缩剂"半干粉团（水灰比 6∶1 调成）填进缝内压实（图 15）。

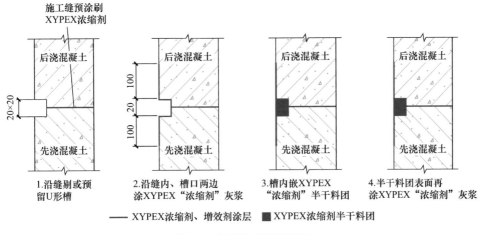

1.沿缝剔或预留 U 形槽　　2.沿缝内、槽口两边涂 XYPEX"浓缩剂"灰浆　　3.槽内嵌 XYPEX"浓缩剂"半干料团　　4.半干料团表面再涂 XYPEX"浓缩剂"灰浆

—— XYPEX浓缩剂、增效剂涂层　　■ XYPEX浓缩剂半干料团

图 15　水平施工缝的处理

3）对结构钢筋头，先将钢筋头割除，低于结构层（钢筋凹进到混凝土里面不少于 20mm），用浓缩剂半干料团补平后，外涂 XYPEX"浓缩剂"灰浆（图 16）。

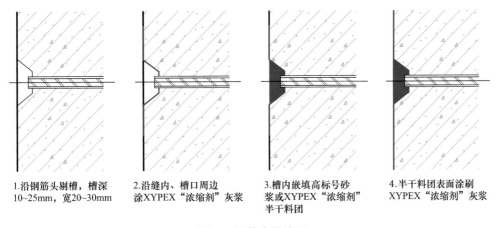

1.沿钢筋头剔槽，槽深 10~25mm，宽20~30mm　　2.沿缝内、槽口周边涂 XYPEX"浓缩剂"灰浆　　3.槽内嵌填高标号砂浆或 XYPEX"浓缩剂"半干料团　　4.半干料团表面涂刷 XYPEX"浓缩剂"灰浆

图 16　钢筋头的处理

4）对大于 0.4mm 的结构裂缝的修补，沿着结构裂缝进行开 U 形槽（25mm×30mm）维修，并沿槽的两侧外壁向外延伸 100mm 进行拉毛处理。将开出的槽冲洗干净，无明水，在槽内涂刷 XYPEX"浓缩剂"灰浆，再用 XYPEX"浓缩剂"半干料团嵌入槽内并进行夯实厚度约 10mm，并在上面嵌入 XYPEX"堵漏剂"半干料团，外涂 XYPEX"浓缩剂"灰浆（图 17）。

5）渗漏裂缝的治理，沿着结构裂缝进行开 U 形槽（25mm×30mm）维修，并沿槽的两侧向外延伸 100mm 进行拉毛处理。将槽冲净，用 XYPEX"堵漏剂"半干料团止水，确认无渗漏后，再嵌入 XYPEX"浓缩剂"半干料团和 XYPEX"堵漏剂"半干料团，外涂 XYPEX"浓缩剂"灰浆（图 18）。

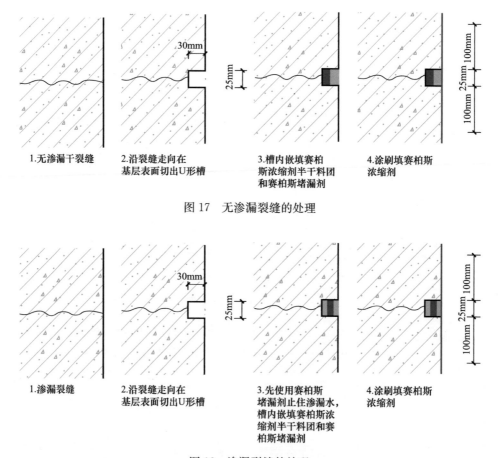

图 17　无渗漏裂缝的处理

1.无渗漏干裂缝

2.沿裂缝走向在基层表面切出U形槽

3.槽内嵌填赛柏斯浓缩剂半干料团和赛柏斯堵漏剂

4.涂刷填赛柏斯浓缩剂

图 18　渗漏裂缝的处理

1.渗漏裂缝

2.沿裂缝走向在基层表面切出U形槽

3.先使用赛柏斯堵漏剂止住渗漏水，槽内嵌填赛柏斯浓缩剂半干料团和赛柏斯堵漏剂

4.涂刷填赛柏斯浓缩剂

6）阴角部位的处理，在阴角部位剔 U 形槽，槽口各向外延伸 100mm 进行拉毛处理。将槽冲干净，充分润湿，但无明水，在槽内涂刷 XYPEX"浓缩剂"灰浆，再用 XYPEX"堵漏剂"半干料团嵌入槽内填平，上述工序需手工完成，外涂 XYPEX"浓缩剂"灰浆（图 19）。

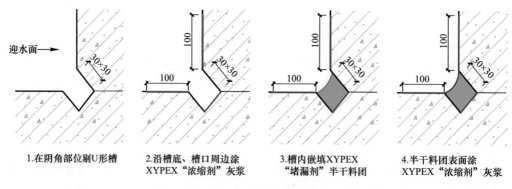

1.在阴角部位剔U形槽

2.沿槽底、槽口周边涂 XYPEX"浓缩剂"灰浆

3.槽内嵌填XYPEX"堵漏剂"半干料团

4.半干料团表面涂 XYPEX"浓缩剂"灰浆

图 19　阴角部位的处理

7）穿墙管根处理，需凿成 30mm×30mm 的 U 形槽并将管根处完全暴露出来，槽内冲净，并无明水，再涂 XYPEX"浓缩剂"到 U 形槽底，待初凝后，用 XYPEX"堵漏剂"

半干料团（堵漏剂水灰比 3.5：1）嵌填压实（图 20）。

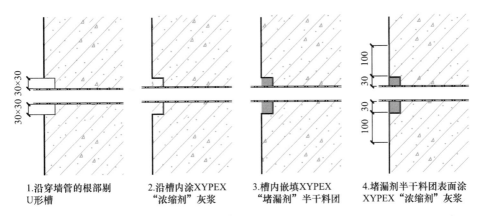

1.沿穿墙管的根部剔 U形槽

2.沿槽内涂XYPEX "浓缩剂" 灰浆

3.槽内嵌填XYPEX "堵漏剂" 半干料团

4.堵漏剂半干料团表面涂 XYPEX"浓缩剂"灰浆

图 20　管根部位的处理

（4）涂刷施工。

1）基面润湿（图 21）。

用水充分湿润处理过的待施工基面，使混凝土结构得到充分的润湿，但无明水。

2）制浆（图 22）。

图 21　基面润湿

图 22　制浆

① XYPEX 浓缩剂涂刷两至三遍，达到总用量 1.5kg/m²。

② XYPEX 粉料与水的调和按体积比：刷涂时用 5 份料、2 份水调和；喷涂时 5 份料、3 份水。

③ XYPEX 灰浆的调制：将粉料与水倒入容器内，充分搅拌 3～5min，使料混合均匀；调的料要在 20min 内用完，混合物变稠时要频繁搅动，中间不能加水、加料。

3）涂刷（图 23）。

① XYPEX 涂刷时需用半硬的尼龙刷或喷枪，不宜用抹子、滚筒油漆刷。

② XYPEX 涂层要求均匀，各处都要涂到，要保证控制在单位用量之内。

③ 当需涂第二层时，一定要等第一层初凝后仍呈潮湿状态时进行，如太干则应先喷洒些雾水后再进行第二层的涂刷。

④ 在热天露天施工时，建议在早晚进行施工，防止 XYPEX 过快干燥影响渗透；阳光过足时应进行遮护处理。

⑤ 施工时必须注意将 XYPEX 涂匀，阳角及凸处要刷到，阴角处需开槽处理请参考图 20 操作。

4）养护（图 24）。

图 23 涂刷

图 24 养护

① 在养护过程中必须用净水，必须在终凝后 3～4h 或根据现场的湿度而定。使用喷雾式洒水养护，避免大水冲破坏涂层。每天需喷雾水 4 次，连续 2～3d，干燥天气要多喷几次，防止涂层过早干燥。

② 在养护过程中，必须在施工后 48h 内防避雨淋、霜冻、日晒等情况。

③ 养护期间不得有任何磕碰现象。

4. 修缮效果

4.1 修缮效果

赛柏斯（XYPEX）—正佳极地海洋世界生物馆的维修工程于 2015 年 11 月 24 日进场对渗漏部位进行防水修补，2016 年 1 月 5 日，维修工程施工完成（图 25、图 26），共使用赛柏斯（XYPEX）浓缩剂 1.2t、赛柏斯（XYPEX）堵漏剂 5.8t；开槽修补 3006 延米、涂刷面积 $170m^2$，解决了主缸的渗漏问题。正佳极地海洋世界自 2016 年 1 月 28 日开业至今已超过七年，截至目前看赛柏斯（XYPEX）的防水效果非常理想，补过的部位没有再发生过渗漏现象，保证了海洋馆的正常运营。同时也证明了赛柏斯（XYPEX）作为全球渗透结晶材料的品牌领导地位，其在防水领域的卓越品质和性能在防水工程维修中得到了完美的体现。

图 25 主缸修复后效果

图 26 观光隧道修复后效果

4.2 工程回访报告

工程回访报告见图 27。

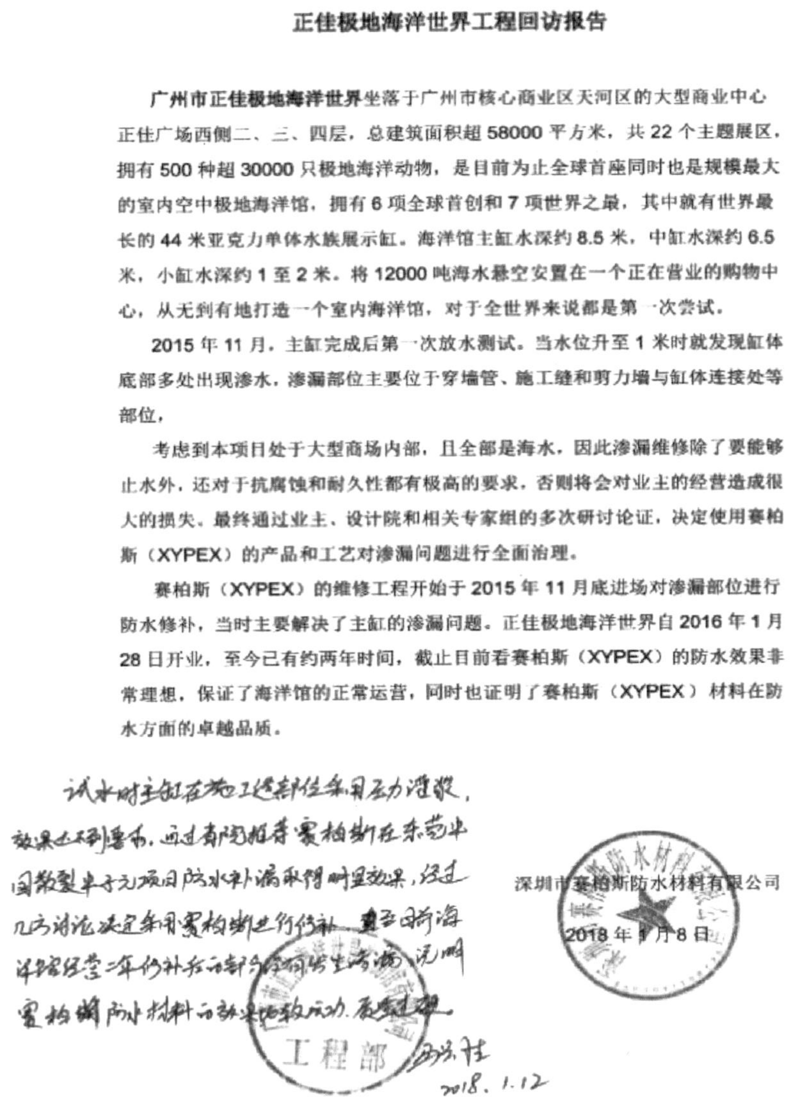

正佳极地海洋世界工程回访报告

广州市正佳极地海洋世界坐落于广州市核心商业区天河区的大型商业中心正佳广场西侧二、三、四层，总建筑面积超58000平方米，共22个主题展区，拥有500种超30000只极地海洋动物，是目前为止全球首座同时也是规模最大的室内空中极地海洋馆，拥有6项全球首创和7项世界之最，其中就有世界最长的44米亚克力单体水族展示缸。海洋馆主缸水深约8.5米，中缸水深约6.5米，小缸水深约1至2米。将12000吨海水悬空安置在一个正在营业的购物中心，从无到有地打造一个室内海洋馆，对于全世界来说都是第一次尝试。

2015年11月，主缸完成后第一次放水测试。当水位升至1米时就发现缸体底部多处出现渗水，渗漏部位主要位于穿墙管、施工缝和剪力墙与缸体连接处等部位。

考虑到本项目处于大型商场内部，且全部是海水，因此渗漏维修除了要能够止水外，还对于抗腐蚀和耐久性都有极高的要求，否则将会对业主的经营造成很大的损失。最终通过业主、设计院和相关专家组的多次研讨论证，决定使用赛柏斯（XYPEX）的产品和工艺对渗漏问题进行全面治理。

赛柏斯（XYPEX）的维修工程开始于2015年11月底进场对渗漏部位进行防水修补，当时主要解决了主缸的渗漏问题。正佳极地海洋世界自2016年1月28日开业，至今已有约两年时间，截止目前看赛柏斯（XYPEX）的防水效果非常理想，保证了海洋馆的正常运营，同时也证明了赛柏斯（XYPEX）材料在防水方面的卓越品质。

试水时主缸在施工缝部位采用压力灌浆，效果也不明显，通过咨询推荐赛柏斯在东莞半岛数型本手元项目防水补漏取得明显效果，经过几次沟通决定采用赛柏斯进行修补。目前海洋馆经营一年修补部分无任何渗水情况，说明赛柏斯防水材料防水效果非常成功。展望未来。

工程部 [签名]
2018.1.12

深圳市赛柏斯防水材料有限公司
2018年1月8日

图27 工程回访报告

WHDF 系列产品防水修缮技术

武汉天衣新材料有限公司　喻幼卿[1]

武汉优固力科技有限公司　邓志勇

广东衍之道防水工程有限公司　郭润峰

一、F 天下 318 别墅深水景观与水井护壁防水修缮技术

1. 工程概况

（1）F 天下 318 别墅深水景观水池与水井护壁防水修缮工程，位于武汉市盘龙城 F 天下。

（2）景观水池深度 1.8m，宽 2m，长 32.4m，景观水池蓄满水至漏完仅需 6h 左右，原结构底部为普通砂浆找平层，两侧为青石或鹅卵石堆码的异形护坡。应业主邀请进行现场勘察和记录，修缮后景观水池要求美观大方，蓄满水后 7d 水位不下降即为合格。

（3）水井洞口口径尺寸 60cm，深 4.2m，青砖砌筑，水井水深 3m，井壁存在渗漏水问题。修缮后，井壁周边不得出水，只允许从底部预留孔泌水，且保证井壁美观大方。

水井护壁修缮前状态记录见图 1。

（4）工程难点。

1）结构多样，基层不稳定。

2）工种施工交替进行，对已施工好的结构具有施工空间的局限，成品保护性施工难度大。

图 1　水井护壁修缮前状态记录

3）完工后的观赏性不易保证。

（5）原防水等级与防水设防措施：

原结构未设防水。

2. 修缮方案

2.1　修缮技术方案总体原则

采用刚性防水施工技术，使用 WHDF—S 砂浆无机纳米防水剂形成刚性自防水体系，修缮完成后工程结构无渗漏。

2.2　使用工具及防水修缮材料

（1）工具：

搅拌器、切割机、清洗机、水泵、手套、毛刷、振捣器。

---

[1]［第一作者简介］　喻幼卿，男，1956 年 2 月出生，正高职高工，武汉天衣新材料有限公司，单位地址：湖北省武汉市武汉工程大学科技孵化器大楼 16 楼。邮政编码：430073。联系电话：4007162616。

（2）防水修缮主要材料：

WHDF—S 砂浆无机纳米防水剂（简称 WHDF—S）、WHDF 混凝土无机纳米抗裂减渗剂（简称 WHDF）、金装至尊无机蜘蛛丝堵漏宝、金装至尊丁腈自修复防水涂料、42.5 普通硅酸盐水泥、砂、石。

3. 施工技术

3.1 施工工艺

3.1.1 景观水池

（1）施工顺序：

基础修补→WHDF—S 抗裂防水砂浆层施工→丁腈自修复防水涂料施工

（2）工艺流程：

1）基层清理并冲洗（图 2）；

2）节点加强处理，规整石块，修补基层；

3）蜘蛛丝堵漏宝封堵出水点；

4）使用 WHDF—S 配制抗裂防水砂浆涂抹基层（图 3）；

5）干固养护（图 4）；

6）涂刷丁腈自修复涂料（图 5）；

7）完工自检（图 6）；

8）蓄水 7d 后观察验收。

(a)　　　　(b)

图 2　基层处理并封堵出水点　　　图 3　WHDF—S 抗裂防水砂浆施工

图 4　砂浆防水层养护　　　图 5　涂刷丁腈自修复涂料　　　图 6　自检

171

图 7 基面检查及修补

5）养护验收。

3.1.2 水井护壁

（1）施工顺序：

基础修补→WHDF 抗裂防水混凝土护壁层施工

基面检查及修补见图 7。

（2）工艺流程：

1）抽水（图 8a）；

2）制模（图 8b）；

3）制作钢架网片；

4）使用 WHDF 制备高流动性的自密实的抗裂防水混凝土并做护壁层施工（图 9）；

(a)

(b)

图 8 水井抽水、模具制备安装

(a)

(b)

图 9 制备 WHDF 抗裂防水混凝土并浇筑施工

3.2 关键部位处理方法及质量控制措施

3.2.1 景观水池

（1）基层需清理并封堵至无明水。

因基层为乱石堆砌，且地势较低，水抽干后有明水溢出，应先用金装至尊蜘蛛丝堵漏宝干粉反复封堵，直至所有基层无明水方可进行下一步施工。

（2）基层凹凸面施工砂浆时注意事项。

基层凹凸面施工 WHDF—S 抗裂防水砂浆时，应用手反复按压至间隙内，并用毛刷收光（图 10）。

(a)　　　　　　　　　　　(b)

图 10　基层凹凸面施工砂浆时检查施工效果

（3）重视施工面养护。

养护非常重要，养护的好坏直接影响工程整体质量。采用 WHDF—S 抗裂防水砂浆，WHDF—S 能二次反应，生成晶体物质修复裂纹间隙，达到止水的目的。

3.2.2 水井护壁

（1）施工过程中应警惕地下水，应派专人抽水、监测水位。

（2）预留井口施工通道（图 11）。

由于井口口径只有 60cm，完工内径应保证有 70cm。将圆形模板分为四块依次放入，并每间隔 60cm 做内衬隔板防止模板变形，中间预留 20cm×20cm 的方形空腔便于抽水。

（3）严格按要求配制抗裂防水混凝土。

因施工空间狭窄，且浇筑一次即形成 4m 高且厚度 12cm 的结构层，此时无法观察模板内部情况，故需在搅拌混凝土时严格按比例添加 WHDF，确保混凝土有足够的流动性和保水防泌水性。

图 11　预留进口施工通道、
抽水以便施工

（4）需特别注意井水抽水时间。

浇筑前抽干井水，快速浇筑，浇筑完毕后不可抽水，防止流体流动带走水泥浆体。

4. 修缮效果

本防水工程修缮施工后（图12、图13），经观测，不渗不漏，达到预期目的，现在使用状态良好。

　　　　(a)　　　　　　　　　　　(b)

图12　景观水池修缮施工后效果留影　　　　图13　水井修缮工程拆模时状态留影

二、联盛公司总部展示泳池防水修缮

1. 工程概况

联盛公司总部展示泳池防水修缮工程，位于广东中山市黄埔镇联盛公司总部。作为水环境龙头企业3个标准展池，采用刚柔结合防水体系，并以刚性防水为主。

2. 修缮方案

2.1　修缮技术方案总体原则

采用刚性自防水体系施工技术，主体结构采用WHDF抗裂防水混凝土，附加外防水层和粘贴瓷砖层采用WHDF—S抗裂防水砂浆。

2.2　质量要求

Ⅰ级防水。

2.3　防水修缮材料

WHDF混凝土无机纳米抗裂减渗剂（简称WHDF）、WHDF—S砂浆无机纳米防水剂（简称WHDF—S）、水泥、砂、石。

3. 施工技术

3.1　施工工艺

混凝土结构层采用WHDF抗裂防水混凝土（WHDF掺量为胶凝材料用量的2%），节点防水采用刚柔并济施工做法，辅以WHDF—S抗裂防水砂浆铺设附加外防水层及粘贴瓷砖。

3.2　关键部位处理方法及质量控制措施

采用WHDF—S抗裂防水砂浆进行穿墙管线深凿的二次填补加强，采用水能量保护膜保护瞭望窗，回水槽部位采用 WHDF—S 抗裂防水砂浆二次加固。

3.3　施工过程质量控制措施

严格进行每道施工工序的洒水养护（图 14），过程中发现问题及时修复，重点关注防水薄弱部位的精细处理。闭水试验见图 15。

4. 修缮效果

按照防水修缮方案施工，竣工后（图 16），不渗不漏，达到一级防水标准要求。

图 14　养护　　　　　　图 15　闭水试验　　　　　图 16　景观水池修缮后投入使用

三、海南私家别墅屋面防水工程修缮

1. 工程概况

海南私家别墅防水修缮工程，位于海南海口市琼海大道观澜街富豪 1 号。屋面防水修缮使用 WHDF 系列产品，形成刚性自防水体系，达到 I 级防水标准要求。

2. 修缮方案

2.1　修缮技术方案总体原则

采用刚性自防水体系施工技术进行局部防水修缮，主体结构采用 WHDF 抗裂防水混凝土，加强层采用 WHDF—S 抗裂防水砂浆。

2.2　防水修缮主要材料

WHDF 混凝土无机纳米抗裂减渗剂（简称 WHDF）、WHDF—S 砂浆无机纳米防水剂（简称 WHDF—S）、水泥、砂、石。

3. 施工技术

3.1　施工工艺

屋顶结构层采用掺入胶凝材料用量的 2% 的 WHDF 的抗裂防水混凝土进行浇筑，使用 WHDF—S 抗裂防水砂浆做加强层，水养护 30d，再进行敷挤塑板隔热层施工。

3.2　关键部位处理方法及质量控制措施

在水养护前及时处理微裂缝。

3.3　施工过程质量控制措施

重视养护质量，水养护时间 10d 以上。

4. 修缮效果

该屋面防水工程修缮施工后，效果良好，竣工至今无一处渗漏。

汕头海湾隧道盾构竖井堵漏和加固技术

南京康泰建筑灌浆科技有限公司　陈森森[1]　王军　李康

1. 工程概况

汕头海湾隧道盾构竖井，位于汕头市内海湾古盐田的海滩下，地层软硬不均、易坍塌、邻水深基坑施工带压作业、砂土液化、软土震陷，施工难度极大，结构抗震和防水要求高。竖井主体结构为地下四层三跨框架结构，采用大体积钢筋混凝土，围护结构采用旋喷桩加钢筋混凝土地下连续墙结构。围护结构和主体结构都处在古盐田海滩地质下，浸泡在高盐分（5%～10%）的海水地质中，当主体结构出现裂缝渗漏水后，海水会腐蚀结构内钢筋造成锈胀开裂，加剧结构混凝土开裂，影响结构安全。

竖井各部位采用的主要材料如下：顶板、底板、侧墙为 C50 防水混凝土；中隔墙、中板为 C50 混凝土；车道板、中板为 C50 混凝土，其他内部附属结构采用 C40 混凝土。

盾构结构井顶板、侧墙抗渗等级为 P10，底板抗渗等级为 P12。

竖井处在海湾地区，地下水的补给主要为大气降水和海滩垂直渗入补给。此外，松散岩类孔隙水还接受河沟水和古盐田海滩水等地表水的补给；承压含水层以平缓的单斜层为主，接受越流补给。水位随季节有所变化，一般年变幅为 0.50～1.00m。该层地下水具有承压特点，含水岩组厚度一般为 18～28m，地下水位高出海平面 0.82～1.14m，单井涌水量 508.7～666.1t/d。

总体渗水量大，出现渗漏的部位主要在结构薄弱处和缺陷处，如蜂窝、麻面、空洞，以及各种缝，如施工缝、诱导缝、变形缝、结构不规则裂缝及温度收缩裂缝、海水腐蚀结构钢筋锈胀裂缝、水化热造成的裂缝等，如图 1、图 2 所示。

图 1　施工前渗水情况

图 2　表面不规则裂缝渗漏水

---

[1]［第一作者简介］　陈森森，男，1973 年 5 月出生，正高级工程师，南京康泰建筑灌浆科技有限公司，单位地址：江苏省南京市栖霞区万达茂中心 C 座 1608 室。邮政编码：210000。联系电话：13905105067。

2. 渗漏原因

2.1　蜂窝、麻面及孔洞引起渗漏

混凝土施工过程中，由于配料比中细料不够，加之振捣不实或漏振、振捣时间不足，造成混凝土离析以及模板接缝处或连接螺栓孔部位漏浆，会带来蜂窝、麻面等缺陷。钢筋密集，混凝土坍落度小、振捣不充分，会造成混凝土结构中存在较大的孔洞，使钢筋局部或全部裸露。

2.2　表观不规则微裂缝引起渗漏

混凝土结构表面的裂缝成因很多，主要有五种：

（1）刚浇筑完成的混凝土结构表面水分蒸发变干较快，未及时养护。

（2）混凝土硬化时水化热使结构产生内外温差。混凝土在硬化过程中，会释放大量的水化热，使结构内部温度不断上升（在大体积混凝土结构中，水化热使温度上升更加明显），在混凝土表面与内部之间形成很大的温度差，表层混凝土收缩时受到阻碍，混凝土结构将受拉，一旦超过混凝土结构的应变能力，将产生裂缝。这类裂缝通常不连续，且很少发展到边缘，一般呈对角斜线状，长度不超过 30cm。但较严重时，裂缝之间也会相互贯通。

（3）较深层的混凝土结构，在上层混凝土浇筑的过程中，会在自重作用下不断沉降。当混凝土开始初凝但未终凝前，如果遇到钢筋或者模板的连接螺栓等时，这种沉降受到阻挠会立即产生裂缝。特别是当模板表面不平整，或隔离剂涂刷不均匀时，模板的摩擦力阻止这种沉降，会在结构的垂直表面产生裂缝。

（4）碱骨料反应也会使混凝土结构产生开裂。由于硅酸盐水泥中含有碱性金属成分（钠和钾），因此，混凝土内孔隙的液体中氢氧根离子的含量较高，这种高碱溶液能和某些骨料中的活性二氧化硅发生反应，生成碱硅胶，碱硅胶吸收水分膨胀后产生的膨胀力会使混凝土结构开裂。

（5）古盐田地质条件下高盐分海水对结构内钢筋的腐蚀，使其锈胀，造成结构开裂。

2.3　变形缝渗漏水

（1）结构沉降或变形不均匀导致内外止水带被撕裂，以及搭接头部位焊接不牢固、施工时遭破坏穿洞、地表的水压力太大超出止水带设计承受的压力等，如遇外防水也存在隐患而失效，就会造成变形缝、伸缩缝漏水。

（2）止水带一侧的混凝土未振捣密实，会在其周围形成渗水通道。

（3）在夏季高温季节或冬季严寒天气浇筑混凝土时，昼夜温差较大或与外界温差大，由于结构收缩而导致诱导缝（变形缝、沉降缝）处止水带一侧出现空隙，从而形成渗水通道，导致诱导缝（变形缝、沉降缝）漏水。

2.4　施工缝（冷缝）渗漏水

结构混凝土浇筑前纵向水平施工缝面上的泥砂清理不干净。纵向水平施工缝凿毛不彻底，积水未排干。施工缝处钢板止水带未居中或接头焊接有缺陷。施工缝混凝土浇筑时漏浆或振捣不密实。现浇衬砌施工缝止水带安装不到位，振捣造成止水带偏移。

2.5　其他部件

另外，设备安装件的管头、钢筋头、拉筋孔等预埋件处防水密封处理不好，也常会导致渗漏。

3. 修缮方案

按照设计要求，盾构竖井经治理后达到地下工程防水一级标准，混凝土结构不允许渗水，表面无湿渍。

3.1 混凝土表面蜂窝、麻面渗漏水治理

对于混凝土表面蜂窝、麻面处的渗漏水，应先剔除酥松、起壳部分，钻孔泄压排水，再采用抹压抗盐分聚合物水泥防水砂浆的修补工艺。

3.2 主体结构渗漏水处理措施

竖井结构混凝土裂缝比较多，主要是水化热造成的不规则裂缝，考虑结构安全，施工顺序为：

（1）首先对目测的所有裂缝进行灌注改性环氧结构胶，对破碎严重的结构先进行加固；

（2）然后对主体结构和围护结构之间灌注水泥类无收缩灌浆材料，对存水空腔进行回填灌浆；

（3）再对结构深层和水泥灌浆达不到的空隙进行灌注超细水泥基类高强度无收缩灌浆材料；

（4）对注浆过程中发现的严重渗漏或严重不密实的地方，采用深孔注浆，钻孔到结构厚度的 $80\% \sim 90\%$ 位置，灌注改性环氧结构胶，进一步加强裂缝整治效果；

（5）从地表注浆到围护结构外面，进行帷幕注浆和固结灌浆，增加围护结构外面的围岩结构强度，降低围岩透水率，发挥围护结构隔离海水的作用；

（6）在墙角位置钻孔泄压排水，限量排放；

（7）最后在结构混凝土表面涂刷高渗透环氧涂料以抵御海水的腐蚀，结构裂缝比较严重的部位用碳纤维加固，结构表面其他缺陷选用防水型修补砂浆进行修复和修饰。

主体结构后面回填灌浆和固结灌浆、帷幕灌浆采用低压、慢灌、快固化、间歇性控制灌浆 KT—CSS 新工法。

通过多次多种材料控制灌浆，灌浆饱满度好，并能修复原先已失效的防水层和钻孔对防水层的破坏，相当于再造防水层系统；灌浆固化后的材料相当于埋进了灌浆层内部，修复了防水层破损。

4. 施工技术

按照施工方案和工作计划有序进行了施工组织安排（图3～图5），克服现场施工困难，在规定的工期内，完成了裂缝、麻面、施工缝、变形缝渗漏的治理。

5. 修缮效果

通过采用堵漏和加固相结合的新工艺，对结构后面采取回填灌浆、帷幕灌浆、固结灌浆，利用低压、慢灌、快速固化、间歇性灌浆新工法，结合抗盐分的配方材料，有效地对古盐田地质条件海湾隧道盾构竖井的渗漏水进行了堵漏和加固治理。

图 3　表面施工中

图 4　施工后整体情况

图 5　施工后表面恢复

南京长江五桥盾构隧道渗漏水修缮技术

南京康泰建筑灌浆科技有限公司　陈森森[1]　王军　李康

1. 工程概况

南京长江第五大桥工程在南京长江第三大桥下游约 5km、南京长江大桥上游约 13km 处。路线起自南京市浦口区五里桥，接拟改建的江北大道，跨越长江主航道后，经梅子洲，下穿夹江南岸，接已建成的江山大街，全长约 10.33km，其中，跨长江大桥约 4.4km，夹江隧道长约 1.8km，其余路段长约 4.1km。

本盾构隧道为南京长江第五大桥工程夹江隧道施工项目 A3 标段，位于南京长江第五大桥项目的南端，隧道起自梅子洲规划中新大道（葡园路）西侧桥隧分界点，终点为已建成通车的青奥轴线地下工程（扬子江大道西侧）。主线隧道总长 1754.834m，明挖暗埋段长 395.400m，并于梅子洲及江南各设置工作井 1 座，其中梅子洲工作井长 24.600m，江南工作井长 35.850m。隧道在梅子洲上设置一对进出匝道，其中 A 匝道为江南至梅子洲方向匝道，长 298.114m；B 匝道为梅子洲至江南方向匝道，长 297.411m。

2. 渗漏原因

2.1　盾构隧道设计理念

盾构隧道发生渗漏水首要因素是它的多缝特性，而这又与盾构隧道的结构与构造设计相关，拼接缝较其他部位更易产生渗漏水。

盾构管片、拼接缝、相关预留孔、弹性密封垫及内部嵌缝条等组成了区间隧道防水体系。螺栓孔、注浆孔和手孔等也经常出现渗漏水，但前两者发生渗漏水的情况较多。螺栓孔和手孔一般不与管片背后的空腔水直接接触，而是通过拼接缝间接发生渗漏。纵缝和环缝是最容易发生渗漏水的部位，它们直接与管片背后的空腔水联通，水从拼接缝直接渗入或流入（图1）。

原设计构想中，理想情况下弹性密封垫径向宽度的重叠量为 22~25mm，适当承受环面间张开 4~6mm。当环间错台量达到 4~8mm 或者更大一点，只要管片间密封垫不失效，理论上隧道不会产生渗漏水。但由于整个环面上的密封垫并不是完整的，分别粘贴在十多块尺寸并不一致的管片上，装配后仅环缝单侧整环密封垫长达十几米，通常情况下拼接缝长度是隧道本身的十几倍、几十倍，且存在许多凹凸组合，加上防水材料不达标、施工条件差，即便错台量<8mm 甚至更小的情况下也会产生渗漏水。如果隧道椭圆度保持良好，各管片之间对接平整、紧密，不发生较大错位，管片上的弹性密封垫一般情况下都能正常发挥功效，隧道整体防水效果是可以满足设计要求的，但恰恰是因施工质量、地质条件等影响，导致弹性密封垫时常满足不了设计要求，产生渗漏水。

---

[1]［第一作者简介］　陈森森，男，1973 年 5 月出生，正高级工程师，南京康泰建筑灌浆科技有限公司，单位地址：江苏省南京市栖霞区万达茂中心 C 座 1608 室。邮政编码：210000。联系电话：13905105067。

2.2　盾构施工特点

盾构隧道的病害与盾构施工过程、周边地质条件、临近施工等有密切关系，主要体现在如下几点：

（1）施工中新产生的不规则裂缝、拼接缝不密贴形成错台或张开、弹性密封垫质量较差、橡胶止水带与管片的粘结不牢固等施工阶段产生的问题。

（2）隧道所在的特殊地质土层长期变形，水土流失等地质条件问题。

（3）施工过程中曾经发生过涌流或其他施工险情，对结构产生影响。

（4）设计单位对结构防水问题的认知深度不足、当时设计标准可能存在部分缺陷，导致设计出现问题。

（5）相邻位置区域，有大型工程项目的活动影响，尤其是大型基坑工程及大直径隧道上下穿越施工，对结构纵向、横向变形产生影响，导致管片变形错位，从而引起渗漏水。

（6）项目建设体量大，施工强度高，设计施工技术力量及管理水平难以满足质量要求。

2.3　渗漏原因

除管片及部件自身可能存在一定缺陷外，施工过程中因拼装不当或未按拼装工艺要求拼装，造成管片环接缝出现张开、错台，接缝防水失效。盾构隧道管片纵缝存有内外张角时，结构外表面接缝处易产生应力集中，混凝土出现破损，最终导致止水带和管片间无法密贴引起渗漏（图2）。

盾构掘进过程中推力不均、盾构前进反力不足、管片上浮或侧移等均会导致渗漏水的出现。

道床脱空也会造成渗漏水、翻浆冒泥等，道床脱空是指道床嵌缝混凝土与管片存在的不同程度的剥离。

图1　拼接缝渗漏水情况

图2　管片裂缝渗漏水

3. 修缮方案

3.1　盾构管片接缝渗漏修复

（1）为了保证化学灌浆的压力效果，首先在渗漏水部位两端各延长20～50cm位置钻孔设立隔离柱，用切割机清理渗漏水缝部位的两内侧，如图3所示。

（2）用快速封堵材料对渗漏水缝部位底部进行封堵，用ϕ14钻头钻孔，安装注浆嘴。

（3）通过已安装好的注浆嘴，采用KT—CSS系列改性环氧树脂材料进行化学灌浆，通过 KT—CSS 控制灌浆工法，确保注浆饱满度达到 95％以上，超过国家规定的 85％的标准。粘结原来因密封胶失效而形成与结构之间的渗漏缝隙，修复原来密封胶的功能。

（4）灌浆完成后，待环氧树脂类材料固化后，撤除注浆嘴，清理管片缝内的灰尘，用热吹风对管片缝进行加热升温，然后在管片缝内填塞 KT—CSS 系列高弹性的非固化橡胶材料（图 3）。

（5）在非固化橡胶材料表面涂刷两层 KT—CSS 系列环氧改性聚硫密封胶和一层玻璃纤维布（图 4）。

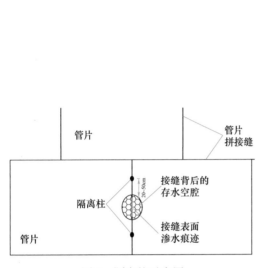

图 3　隔离柱示意图

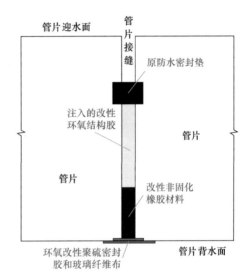

图 4　管片接缝处理示意图

3.2　盾构端头井渗漏修复

（1）为了保证化学灌浆的压力效果，首先在渗漏水部位开槽，槽宽 20mm，槽深大于 50mm。

（2）用 KT—CSS 系列聚合物快速封堵材料对渗漏水缝部位底部进行封堵，用 $\phi14$ 钻头钻孔，安装注浆嘴。

（3）通过已安装好的注浆嘴，采用 KT—CSS 系列改性环氧树脂材料进行化学灌浆，通过 KT—CSS 控制灌浆工法，确保注浆饱满度达到 95％以上，超过国家规定的 85％的标准。

（4）灌浆完成后，待 KT—CSS 系列改性环氧树脂材料固化后，撤除注浆嘴，清理管片缝内的灰尘，用热吹风对管片缝进行加热升温，然后在管片缝内填塞高弹性的 KT—CSS 系列非固化橡胶材料。

（5）在非固化橡胶材料表面涂刷两层 KT—CSS 系列环氧改性聚硫密封材料和一层芳纶纤维布作为密封胶的胎基，从而增加韧性。

3.3　壁后注浆

采用控制灌浆技术对结构背后的存水空腔充填灌浆，把空腔水变成裂隙水，把有压力的水变成无压力的水，从而达到整治的目的。

（1）盾构区间渗漏壁后注浆。

1）首先降低隧道涌水量。拧出预留注浆孔的六角螺母，用冲击钻沿预留注浆孔打孔，孔径建议为25mm（封孔器直径为24mm），用机械式封孔器封孔，并安装好注浆管。

2）打孔注浆顺序为：按照线路坡度，从高程较高处向高程较低处施工，同一侧注浆孔先注下端孔，依次向上。

3）先采用50cm短钻杆钻孔，然后采用1.5m的长钻杆，直至钻通盾构，钻到围岩。对管片结构后面充填灌浆和对松散的围岩进行固结灌浆、帷幕灌浆，减少壁后的空隙和围岩的透水率，采用KT—CSS控制灌浆工法，低压、慢灌、快速固化、间歇性分序的控制灌浆工法，最大注浆压力应小于1.0MPa。

4）改性环氧材料注浆孔深约450mm。当注浆压力大于0.5MPa时停止该孔的注浆。

5）注浆直至排气孔排出均匀浆液，要求注浆孔和排浆孔设置浆液阀，出浆孔应设浆液回浆管，保证回流浆液流入储料桶。当排浆孔无空气排出时，关闭出浆孔阀门，保持压力2～3min即可停止注浆，待终凝后将闸阀拆除，填塞注浆孔，用堵头封闭，进行防锈处理。

6）管片间缝隙出水，用快速封堵材料对缝隙进行临时性封堵，然后再按照管片接缝渗漏水的工艺进行处理。

（2）盾构端头井渗漏壁后注浆。

1）首先对端头施工缝位置和表面不密实进行清理后封闭。然后在端头面和管片吊装孔位置用大功率电锤进行钻孔，安装注浆嘴。

2）对安装好的注浆嘴进行灌注KT—CSS系列水泥基类材料。

3）在施工缝两侧和端头不密实位置钻孔安装止水针头，使用KT—CSS系列改性环氧树脂类进行化学灌浆堵漏加固。

4）撤除注浆嘴，清理施工缝，以水泥砂浆封闭补实后，喷涂水性渗透结晶材料作为第二道防水和固定KT—CSS系列非固化橡胶类材料用途，或用KT—CSS系列环氧改性聚硫密封胶封闭。

3.4　盾构管片缺陷渗漏水整治

（1）裂缝渗漏水整治。

1）用快速封堵材料对裂缝部位进行封堵，用ϕ10钻头钻孔，安装注浆嘴，注浆嘴间距150～200mm。

2）通过已安装好的注浆嘴，采用KT—CSS系列改性环氧树脂材料进行化学灌浆，通过KT—CSS控制灌浆工法，确保注浆饱满度达到95％以上，超过国家规定的85％的标准。

3）灌浆完成后，待环氧树脂材料固化后，撤除注浆嘴。

（2）盾构管片螺栓孔渗漏水整治。

1）采用ϕ10钻头钻孔，斜向螺栓孔位置，贯穿相交到螺栓孔，安装注浆嘴。

2）通过已安装好的注浆嘴，采用KT—CSS系列改性环氧树脂材料进行化学灌浆，通过KT—CSS控制灌浆工法，确保注浆饱满度达到95％以上，超过国家规定的85％的标准。

3）灌浆完成后，待环氧树脂材料固化后，撤除注浆嘴，采用环氧改性密封胶封闭螺栓孔的根部（图 5）。

（3）盾构管片注浆孔、吊装孔、管片结构预留的二次注浆孔渗漏水整治。

1）采用 ϕ10 钻头钻孔，在注浆孔侧边斜向孔位置，贯穿相交到注浆孔，安装注浆嘴。在孔周边钻孔 3～4 个。

2）通过已安装好的注浆嘴，采用 KT—CSS 系列改性高渗透环氧树脂材料进行化学灌浆。通过 KT—CSS 控制灌浆工法，确保注浆饱满度达到 95％以上，超过国家规定的 85％的标准。确保注浆孔内收缩的砂浆的空隙全部填充进高渗透环氧。使孔内 65cm 范围内砂浆的饱满度达到 90％以上，与结构完全粘结在一起，确保能抗地下水压，不会存在水压大把注浆孔冲开的可能。

3）灌浆完成后，待环氧树脂材料固化后，撤除注浆。

4）凿除或电锤、电镐清理注浆孔内砂浆，深度在 15cm 左右，采用聚合物无收缩微膨胀修补砂浆或环氧砂浆进行填塞，进一步加强注浆孔的封堵，确保注浆孔不被冲开（图 6）。

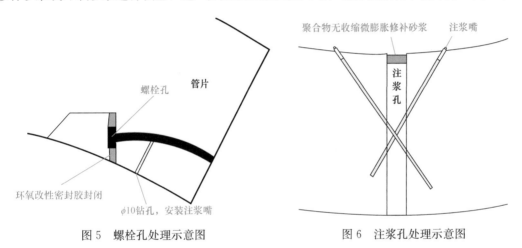

图 5　螺栓孔处理示意图　　　　图 6　注浆孔处理示意图

3.5　道床脱空渗漏水、翻浆冒泥整治

（1）锚固道床。根据地质情况，决定锚杆的深度和长度，采用中空注浆锚杆，或采用化学锚杆、中空胀壳式注浆锚杆。主要是固定道床。锚固前打泄压孔，泄水压。

（2）采取灌注 KT—CSS 系列特种水泥基无收缩灌浆材料，采用 KT—CSS 控制灌浆工法，要有泄压孔和观测孔。

（3）对轨道板和基层分离的，还需要向夹层灌注 KT—CSS 系列耐潮湿低黏度环氧结构胶粘结，通过 KT—CSS 控制灌浆工法，确保注浆饱满度达到 95％以上，超过国家规定的 85％的标准。

（4）对管片壁后进行回填灌浆，灌注牙膏状浓浆，采用 KT—CSS 控制灌浆工法。

4. 施工技术

由于全洞正处于盾构机施工中，且有很多队伍交叉施工，故安排了 3 个可移动式操作台架，人员分三组进行流程化作业，用时三个月处理了隧道 1160m 范围内的管片渗漏。

施工情况见图 7、图 8。

图 7　堵漏注浆施工　　　　　　　　　　图 8　表面封闭施工

5. 修缮效果

通过采用修复拼缝密封胶系统和背后回填灌浆的综合技术措施，可以有效地将结构后面的空腔水变成裂隙水，结合具有一定韧性的改性环氧材料，堵漏的同时对盾构管片结构进行了加固处理，也能抵抗车辆对结构的振动扰动和荷载扰动，对该盾构隧道的渗漏水进行了成功的整治，顺利通过业主和甲方的验收。施工恢复后表面情况见图 9。

图 9　施工恢复后表面情况

迪尼夫产品在妫水河隧道渗漏治理中应用技术

河南兴杰防水防腐工程有限公司　彭俊杰[1]

1. 工程概况

妫水河隧道是延崇高速公路（北京段）全线控制性工程土建第 2 标段，全长 2044m。工程为 2019 年世园会、2022 年冬奥会配套工程，基坑面积、长度、深度、宽度方面均位于明挖隧道基坑规模的领先或前列，在长度上仅次于港珠澳大桥拱北隧道明挖基坑工程。

妫水河隧道工程区域内地下水丰富、地层软弱、地质条件复杂，且穿越北京市一级水源地妫水河河道。各种复杂的情况，亦给防水工程带来了极大的考验。

工程设计为二级防水，采用 HDPE 卷材和 PVC 防水板进行防水、阻根，对施工进行严格把控。但由于基坑面积、长度、深度、宽度较大，在河底段仍出现了不同程度的渗漏。其中伸缩缝渗漏率高、漏水量大；混凝土规律性裂缝为主，伴有蜂窝麻面和少量空洞，出水量较大，如图 1、图 2 所示。

图 1　混凝土裂缝渗漏　　　　　　图 2　墙、顶结合部位阴角渗漏

2. 修缮方案与施工技术

在工期紧、任务重的情况下，大大增加了工程的难度，而且渗漏的治理只有一次机会。承建方领导对此极为重视，经过多位专家现场勘察，对治理渗漏的材料、施工单位技术和人员进行多次考察了解，最终一致同意采用比利时迪尼夫相关的材料，委托河南兴杰防水防腐工程有限公司进行施工。

2.1 裂缝渗漏治理

（1）鉴于出水量较大，决定采用迪尼夫 HA CUT CFL 止水和迪尼夫 Denepox 40 加固的方案。

---

[1]［作者简介］彭俊杰，男，1970 年 3 月出生，河南兴杰防水防腐工程有限公司董事长，工程师，单位地址：河南省项城市王明口镇政府办公楼西配楼三楼。邮政编码：46222。联系电话：13911258829。邮箱：pengjunjie007@sohu.com。

HA Cut CFL AF 新一代产品，不含邻苯二甲酸盐，闭孔，单组分，性能优异，低黏度，憎水性，遇水发生反应，半硬质聚氨酯注浆液，用于切断高流速或高水压的涌水漏水，在要求固化后的浆液具有高强度和高柔韧性的应用中使用（详情请参阅 HA cut CFL AF 说明书）。

Denepox 40 是超低黏度、双组分环氧树脂注浆液，用于混凝土结构注射，适用于干燥和潮湿的环境（详情请参阅 Denepox 40 说明书）。

（2）施工步骤。

1）用机械方法彻底清除裂缝和周围混凝土，去除所有松散、不牢固、易碎和有害的材料（图3）。

2）在裂缝两侧以一定的角度交替钻孔，钻孔与裂缝相交的垂直深度 150mm 和 250mm，浅孔灌注 HA Cut CFL AF，深孔灌注 Denepox 40。孔距 150～300mm，具体视裂缝宽度而定（图4）。

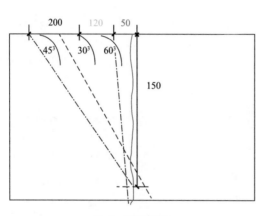

图3 剔凿清除

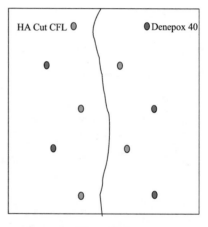

图4 钻孔

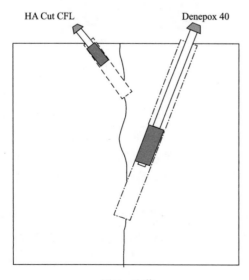

图5 注浆

3）不同的注浆孔做出标记，以便区分止水和加固。

4）从浅孔注入 HA Cut CFL AF。

5）HA Cut CFL AF 灌注 20min 后从深孔注入 Denepox 40（图5）。

6）灌浆顺序从下向上，从一端到另一端。

2.2 伸缩缝渗漏治理

（1）采用迪尼夫 HA Safefoam NF 聚氨酯浆液通过预埋 IT 管在中埋止水带上部进行封闭注浆，变形缝上口采用 Coflex HN 防水密封带进行封闭施工（图6）。

在隧道内有四个小室区，如果一个小室区发生泄漏，需要同时修复所有四个小室区。采用将每个小室区单元划分为上部和下部，安装预埋注浆管（Infiltra Stop 的方式），布局如图 7 所示。

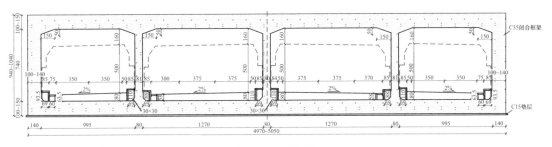

图 6 封闭注浆

（2）施工工序：

1）清理变形缝至原中埋止水带或至约 300mm 深；

2）在最低处安装猪肠条然后上部安装预埋注浆管（Infiltra Stop）并引出注浆引管；注射管可以用开孔泡沫包裹以形成 50mm 的空间；

3）使用快干水泥将变形缝封闭，高度 50mm；

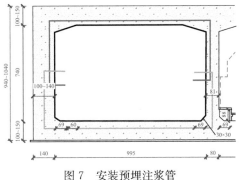

图 7 安装预埋注浆管

4）通过注浆引管灌注 HA Safefoam NF 聚氨酯浆液；缓慢注入，直到树脂从接合处泄漏或获得背压。我们建议使用 IP 1C pro 泵（泵速 8L/min）进行这种注射，因为我们需要在短时间内注入直到伸缩缝完全填充；

5）当树脂完全固化后，等待 24h 并监测是否有泄漏。如果没有泄漏进行安装 Colflex HN。如果有一些泄漏，需要在泄漏区域侧钻孔注射 HA Safefoam NF 进行维修。当树脂完全固化后，在变形缝口安装 Coflex HN 防水密封带；详情请参阅 Coflex HN 说明书（图 8）。

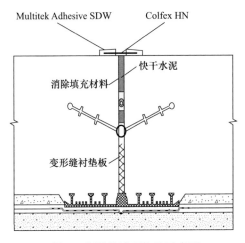

图 8 变形缝治理构造示意图

（3）Colflex HN 防水柔性膜及 Multitek Adhesive SDW 胶粘剂施工说明。

Multitek Adhesive SDW 和可伸展止水带 Colflex HN，是特别适用于可承担高强度和高弹性伸缩接缝防水。

使用程序如下：

1）在使用 Colflex HN 之前，清洗表面并且去除锋利的突起部分。要获得最佳的黏附力，表面一定是干净的，除油和无灰尘。当适用于金属面时，首先除去碾碎的表面或被氧化的表面。

2）混合：Multitek Adhesive SDW 在混合之前，将分开的组分 B 加到组分 A 内混合，混合的比率 A：B 是 3：1。用电动搅拌机搅拌 3～4min，最大转速每分钟 600 转，搅拌均匀，直到获得一致的灰色颜色，避免空气混入混合物。

3）使用 Multitek Adhesive SDW 在接缝缝左右两面，Multitek Adhesive SDW 的厚度取决于表面的粗糙度。

4）Colflex HN 膜应用于 Multitek Adhesive SDW 上面，使用滚筒或刮刀推动 Colflex HN 膜推入胶粘剂中，胶水必须从两侧穿孔出来。

5）将第二层 Multitek Adhesive SDW 涂在膜上和第一层胶上 2～3mm 的厚度上，以确保良好的防水效果。

3. 修缮效果

妫水河隧道工程渗漏采用迪尼夫 HA CUT CFL 止水和迪尼夫 Denepox 40 加固的方案，修缮后效果良好，至今未出现渗漏，相关单位非常满意。

隧道无砟轨道板防抬升的控制灌浆技术

南京康泰建筑灌浆科技有限公司　陈森森[1]　高鑫荣

南京地铁建设有限责任公司　李晓东

1. 工程概况

长株潭城际高铁是湖南省境内一条连接长沙市、株洲市和湘潭市的城际铁路，呈南北走向，是长株潭城际轨道交通网的主干线路。

该铁路全长 105km，共设 24 座车站，设计速度 200km/h，列车初期运营速度 160km/h。长沙站以南段于 2016 年 12 月 26 日竣工运营，长沙站以西段于 2017 年 12 月 26 日建成通车。

长株潭城际铁路走向为"人"字形，从长沙站南端引出后，向南经暮云分岔，分别接入株洲、湘潭站；向西过湘江至雷锋大道，区间隧道为双洞单线标准轨道，见图 1，车站为岛式明挖结构。

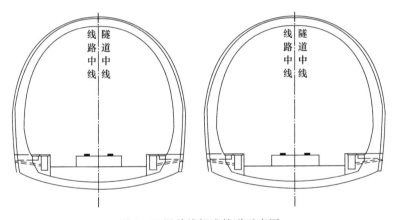

图 1　双洞单线标准轨道示意图

2. 渗漏原因

（1）主要外部原因：

1）地质非常复杂，透水率大，紧靠湘江，地下水非常丰富；

2）紧靠市政管线，污水管和供水管的跑冒滴漏也造成围岩含水率高；

3）长沙的雨季，地表雨水多。

（2）工期紧张，施工管理工序衔接不足，市区施工，商品混凝土供应受到交通管制，不能连续供应，影响浇筑质量。

（3）隧道和无砟轨道施工后有一定的沉降稳定期，综合因素造成隧道二衬和无砟轨道

---

[1]［第一作者简介］　陈森森，男，1973 年 5 月出生，正高级工程师，南京康泰建筑灌浆科技有限公司，单位地址：江苏省南京市栖霞区万达茂中心 C 座 1608 室。邮政编码：210000。联系电话：13905105067。

板局部渗漏水严重的质量通病。

3. 修缮方案

城际高铁采用整体道床,动车组在通过的时候,给二衬和仰拱、底板带来很大的震动扰动和荷载扰动,并产生很大的气流扰动,利用综合整治的方法来解决地下结构工程振动环境下渗漏水。

(1) 先对二衬结构与初期支护结构之间的存水空腔进行回填灌浆,把空腔水变成裂隙水,把压力水变成无压力水,其次再对初支背后的围岩进行固结灌浆和帷幕注浆,把隧道后面围岩的透水率降低,从而减少对隧道二衬拱墙渗水的来源。

(2) 对隧道无砟轨道板渗漏水部位仰拱下的虚渣进行固结灌浆止水。

(3) 对二衬结构的裂缝、施工缝、变形缝、不密实部位进行堵漏及加固处理。

(4) 对隧道二衬渗漏水严重地段,1.5m 高的位置钻孔,孔径 25mm,深度打穿二衬为止,水平间距 3m 左右。避开施工缝,先让孔流水 3~5d,把拱墙壁后水压泄掉,压力为 0.1~0.2MPa。采用水泥浆料进行灌浆,灌浆从线路低处向高处,逐个孔灌浆,如果相邻孔出浆或二衬表面 2m 范围内的裂缝有漏水了,就停止灌浆。灌浆料水灰比 1:2 左右牙膏状的浓浆,采用掺 KT—CSS—303 早凝早强的水泥基灌浆材料、KT—CSS—101 水中胶凝无收缩高强灌浆料,以及结构自防水和水泥基渗透结晶的添加剂,快速形成一道水平隔离墙,隔断隧道拱部和边墙壁后的空腔和仰拱下空腔贯通的通道,防止后面拱部灌浆的时候造成串浆到仰拱虚渣下,造成无砟轨道板抬升(图 2)。因为是低压灌注,所以不会对无砟轨道和仰拱有抬升的可能。

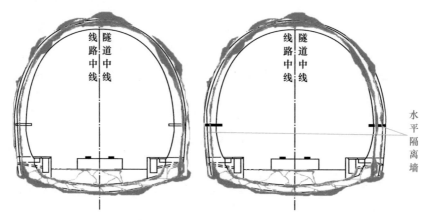

图 2　水平隔离墙施工工艺示意图

(5) 在渗漏水部位,找出严重区间,按照每 10~20m 范围,在隧道二衬环向范围钻孔,孔径 25mm,深度打穿二衬为止,环向间距 3m 左右,避开施工缝,进行灌浆,灌浆从边墙的低处向拱部的高处,逐个孔灌浆,如果相邻孔出浆就停止灌浆,灌浆压力为 0.2~0.3MPa。灌浆料水灰比为 1:1、1:2 的浓浆,采用掺 KT—CSS—303 早凝早强的水泥基灌浆材料、KT—CSS—101 水中胶凝无收缩高强灌浆料,以及结构自防水和水泥基渗透结晶的添加剂,快速形成一道环向隔离墙,形成二衬背后渗水空腔分区。灌浆的时候,每隔 1h 检测轨道板抬升的数据,如果抬升超过 2mm 黄色报警,超过 3mm 红色报警,停止灌浆。一般水泥浆固化会有一定的泌水率，稍微抬升的部位会回落一部分。前面做了水平隔离墙后，很难有水泥浆窜到仰拱虚渣内造成无砟轨道板抬升。

（6）对于分区后的隧道二衬背后的回填灌浆，采用在隧道拱部正顶部和左右拱腰位置钻孔，孔径 25mm，深度打穿二衬为止，纵向间距 4～5m，采用低压、慢灌、快速固化、间歇性分次分序 KT—CSS 控制灌浆工法，压力在 0.3～0.5MPa，采用螺杆灌浆机，压力呈抛物线上升，平缓。灌浆料水灰比在 1∶1、1∶2、1∶3 的浓浆，根据进浆量和出水量来现场制定配比，采用掺 KT—CSS—303 早凝早强的水泥基灌浆材料、硫铝酸盐早强水泥、KT—CSS—101 水中胶凝无收缩高强灌浆料，以及结构自防水和水泥基渗透结晶的添加剂，控制水泥浆的固化时间，间歇性分序分次灌浆。灌浆的时候，每隔1h，检测轨道板抬升的数据，如果抬升超过 2mm 黄色报警，超过 3mm 红色报警，停止灌浆。

（7）利用人工对泵送来的水泥浆进行二次搅拌，灌浆现场添加速凝材料和其他特种水泥灌浆材料，利用人工搅拌，量小，不易造成浆液堵管和浪费，并且利用人工搅拌合灌浆机的泵送时间差的间隔，自动形成间歇性灌浆的特定工法，防止搅拌机连续搅拌向灌浆机料斗供料而不能自动形成间歇性灌浆的现象。

（8）对于无砟轨道渗漏水部位的仰拱结构下的虚渣灌浆堵漏，先采用在两侧边水沟钻透仰拱，泄压排水，观测水量和水压，孔径 50mm，孔深钻透仰拱后 10cm，安装涨壳式中空注浆锚杆（图 3、图 4）。对无砟轨道、找平层、仰拱结构层先进行物理机械式锚固，再用槽钢临时连接锚杆头，水平方向控制住无砟轨道的抬升可能性。先利用物理机械力控制住无砟轨道抬升的可能性，然后采用纯的 KT—CSS—202 水泥基超细无收缩自流平自密实微膨胀特种灌浆料、必要的时候掺 KT—CSS—101 水中胶凝无收缩高强灌浆料进行灌浆，采用低压、慢灌、快速固化、间歇性分次分序 KT—CSS 控制灌浆工法，压力在 0.2～0.3MPa，采用螺杆灌浆机，压力呈抛物线上升，平缓变化。采用水灰比在 1∶1、1∶2、1∶3 的浓浆，灌浆的时候，每隔1h 检测轨道板抬升的数据，如果抬升超过 2mm 黄色报警，超过 3mm 红色报警，停止灌浆。灌浆的时候需要有灌浆孔和泄压孔、观测孔。后期再采用 14mm 钻头，钻孔深度 1.5m，采用化学灌浆机，灌注耐潮湿、水中可以固化的 KT—CSS—4F/18 高渗透改性环氧结构胶，进一步对无砟轨道与铺装层、仰拱结构层，以及结构下面的夹层空隙和微小空腔进行补充灌浆，提升堵漏和加固效果。

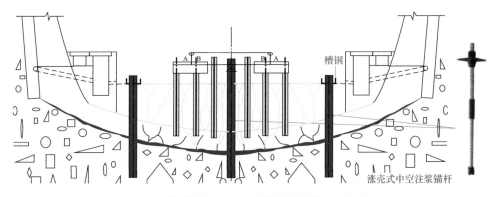

图 3　仰拱结构下虚渣灌浆堵漏横断面示意图

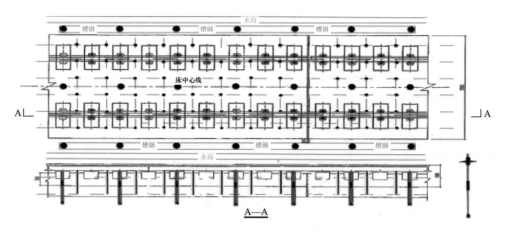

图 4　仰拱结构下虚渣灌浆堵漏俯视图河纵断面示意图

（9）在渗水大的位置，隧道正顶部与拱腰 60°夹角的左右拱腰，先用抽芯机钻透二衬的钢筋混凝土和初期支护的混凝土，然后再采用钻机向围岩层钻孔。采用中空注浆锚杆，钻孔深度在 6m，灌注超细的水泥基无收缩高强度灌浆料，添加 KT—CSS—101 水中胶凝无收缩高强灌浆料和 KT—CSS—1022 阳离子丁基丙烯酸胶乳（聚合物胶水）；采用 KT—CSS 控制灌浆工法，分次分序进行灌注，固结砂砾石层围岩，加固围岩；采用活塞型泥浆泵，灌浆压力控制在 1.5～2.0MPa，2min 内进浆量小于 5L，就停止灌浆；在 48h 后在拱腰离拱部 30°夹角位置再钻孔，深度在 4m 左右，再灌注改性环氧灌浆材料，采用活塞泵灌注，灌浆压力在 2.0MPa，做帷幕灌浆，在 5min 内进浆量小于 1L，就停止灌浆；间隔10min 后，为防止浆液流失，再进行二次补充灌浆，直到 5min 内进浆量小于 1L，就停止灌浆。减少围岩层的透水性，提高围岩的抗渗效果，进一步减少隧道渗漏水的源头。灌浆的时候，每隔 1h，检测轨道板抬升的数据，如果抬升超过 2mm 黄色报警，超过 3mm 红色报警，停止灌浆。

（10）最后对二衬结构的不规则裂缝、结构不密实、无砟轨道裂缝进行堵漏与加固，灌注 KT—CSS—18 耐水耐潮湿的改性环氧树脂，并且固化后有一定的韧性，延伸率达到8%左右，可以抵抗通车后的列车振动扰动和荷载扰动。对施工缝，采用灌注 KT—CSS—8 耐水耐潮湿的改性环氧树脂，并且固化后有一定的弹性，延伸率达到 20%左右，可以抵抗通车后的列车振动扰动和荷载扰动。对于变形缝，采用 KT—CSS 变形缝专利工法，利用 KT—CSS—9019 阳离子丁基改性液体橡胶达到设计要求，修复变形缝的止水带功能，达到设计的要求。

4. 主要材料

4.1　KT—CSS—4F 耐潮湿低黏度改性环氧灌缝结构胶

KT—CSS—4F 耐潮湿低黏度改性环氧灌缝结构胶是一类双组分、无溶剂环氧化学灌浆材料，它具有高强度、低收缩、耐腐蚀和混凝土及金属的粘结力强等特点，是一种对混凝土和岩石进行补强加固、无溶剂环氧灌浆材料，其对潮湿环境不敏感。

4.2　KT—CSS—101 水中胶凝无收缩高强灌浆料

KT—CSS—101 水中胶凝无收缩高强灌浆料主要应用于隧道、大坝、地下岩体的驱水后防水加固。使用时将 100kg 灌浆料与 40～50kg 水混合高速搅拌机（500L，大于 1000r/min，线速度 10～20m/s 的高速搅拌机）搅拌均匀，然后用 5MPa 的压浆泵将浆体压进岩体、压进隧道顶部、压进酥松的裂缝的混凝土，当与水接触时浆体不分散，随着泵压力的加大，水中不分散高强灌浆料浆体逐渐把水挤走到半径 10～20m 以外。

4.3 KT—CSS—303 早凝早强高强灌浆料

KT—CSS—303 早凝早强高强灌浆料主要应用于隧道、矿井、大坝、地下岩体的注浆防水与抢修加固。与 KT—CSS—101 水中胶凝无收缩高强灌浆料配合，主要应用于岩体活动水和突水的堵漏，即先用 KT—CSS—101 水中胶凝无收缩高强灌浆料注浆将水压退，再用 KT—CSS—303 注浆，90min 后凝固；使用时在一台高速乳化分散机中先注入 270kg 水，开动高速乳化分散机将 1000kgKT—CSS—303 徐徐加入到高速乳化分散机中，加完后，再搅拌 6～15min，然后用压浆泵将浆液压进岩体、压进隧道矿井结构混凝土或管片壁后、压进疏松裂缝有缺陷的混凝土。

性能指标：

水料比 0.27；

初始流动度 15s、30min 流动度 25s；

浆液高速乳化分散 15min 后细度：小于 0.05mm；

初凝时间 90min、终凝时间 100min；

4h 抗压强度大于 20MPa，28d 抗压强度大于 90MPa；

搅拌好的浆液必须在 60min 内注浆压完，否则浆液会迅速变浓，无法压浆。

5. 结语

通过采用接力泵送、水平隔离墙、环向隔离墙、仰拱先物理锚固后灌浆、人工搅拌组合灌浆工法、低压、慢灌、快速固化、分层分序间歇性的 KT—CSS 工法，利用次控制灌浆堵漏和加固的技术措施，结合控制灌浆技术所需要的配方灌浆材料和涨壳式中空注浆锚杆，对长株潭城际高铁隧道结构外进行固结灌浆和帷幕注浆加固并堵漏，最后再对隧道二衬结构和无砟轨道进行渗漏水综合整治，有效地对长株潭城际高铁隧道滨江路到雷锋大道区间隧道渗漏水进行了治理，施工中无砟轨道板没有抬升。

针对不同的结构、不同的环境，随着控制灌浆技术的发展，只要善于总结、勇于创新，就一定能解决好灌浆堵漏施工中防止无砟轨道抬升的技术难题，使控制灌浆技术得到创新发展。新材料、新工艺、新技术、新装备相结合，是一个永恒的发展和创新历程，此控制灌浆技术措施在京沈高铁朝阳隧道、大连地铁 2 号线机场站到辛寨子站区间隧道的堵漏灌浆施工中，成功用于防止轨道板抬升。

济南开元隧道渗漏治理修缮技术

北京卓越金控高科技有限公司　文忠[1]
南京康泰建筑灌浆科技有限公司　陈森森

1. 工程概况

开元隧道位于济南市旅游路和二环东路交叉口西侧的平顶山下，设计为双洞双向四车道曲墙 S 形隧道，防水等级为二级，轴线间距 50m，长 1500m，净宽 13.08m，净高 7.8m，除了四条机动车道外，还有两条慢车道以及两条人行道。共设有两处车行横道及十余处人行横道。开元隧道不仅是旅游路全线三座隧道中最长的一座，在山东省乃至全国的市政道路工程中也是最长的一座隧道。

2. 渗漏原因

济南开元隧道因地势落差大、周边山谷风化严重、地质条件复杂等原因，隧道内部渗漏水现象明显，渗水滴水范围和水量均较大，特别是隧道穿顶部位，雨季渗漏水现象严重，部分渗漏点已连成片。多处形成明显水流并带有泥沙，致使隧道防火隔声层多处脱落，已影响隧道交通运行安全，如不及时治理将影响隧道结构安全。

3. 修缮方案

3.1　隧道二衬基面病害表征

（1）混凝土表面局部强度降低、粉化，部分钢筋锈胀。

（2）渗漏区域超过 30%。

（3）考察当时处于雨季，隧道上面流水量大，相对承压高，渗漏部位距离地表 10m 以上，隧道体外储水透过施工缝或裂缝流进隧道，水体溶解混凝土内部钙化物导致离析出白色晶体，长期如此会降低混凝土和钢筋功能寿命。

（4）据目测渗漏部位部分已被治理，治理材料有多种，目测隧道病害部位有多种堵漏工艺体现，且未见明显效果，目前采用镶嵌挡板导流防止渗漏影响通行。

（5）渗漏部位混凝土强度未测试，目测未见疏松空鼓，局部被原来治理材料污染。

（6）隧道每隔 13m 左右留有伸缩缝，防止隧道结构开裂或变形，目前部分施工缝原有防水功能基本失效，漏水现象相对严重，据目测伸缩缝渗漏部位已被治理多次，有些区域已经被破坏。

（7）人行道和侧墙之间的部分施工缝渗漏严重。

现场勘查调查情况见图 1、图 2。

---

[1]［第一作者简介］　文忠，男，1969 年 4 月出生，教授级高级工程师，北京卓越金控高科技有限公司，单位地址：北京市通州区漷县镇工业开发区。联系电话：13901228601。

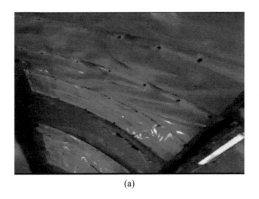

(a)
(b)

图 1　现场勘查调查的情况一

(a)
(b)

图 2　现场勘查调查的情况二

3.2　底板渗漏

（1）局部底板出现孔洞、冒水，水量不大，水质清澈，未见污染。

（2）目测被治理过。

3.3　该隧道病害治理风险提示

（1）隧道渗漏已经多年，经过多次治理未见成效，渗漏部位已经被破坏，出现管涌可能性增大。施工时要增加处理管涌预案，增加管涌预案所需设备和材料费用较大。

（2）施工区域窄小、潮湿，延缓施工进度。

（3）隧道内部各种线缆比较杂乱，必须和电力、通信部门对接，否则施工过程中，很可能会破坏线缆，导致其他病害。

3.4　裂缝渗漏治理工艺设计要点

（1）务必通过动态研究，得出渗漏原因。

（2）充分考虑持久粘结。

（3）模量在材料选择时务必优先考量。

（4）根据不同工况，选择不同材料与施工工艺同步进行是持久抗渗的充要条件。

（5）背水面堵漏是不负责任，不科学的。

（6）动态变形缝绝对不能采用刚性材料，否则会引起结构变形开裂导致建筑更大灾害。

（7）无论设计施工工艺还是选择材料，保证功能寿命、达到持久止漏是基本要求。

3.5　隧道渗漏区域局部维修施工方案

（1）钻孔打透二衬混凝土结构，孔直径 14mm。

（2）埋设四分注浆管。

（3）连接注浆泵。

（4）混合 WZ9908 聚合物地下空间专用注浆料。

（5）调整注浆压力。

（6）将搅拌均匀后的 WZ9908 输入专用灌浆机。

（7）灌浆完毕后清理现场。

3.6　隧道二衬内表面抗渗方案

（1）清理混凝土表面粉化层及离析物。

（2）采用活性硅醇官能团对表面进行加固处理。

（3）涂刷 WZ—9901 抗渗放脱皮涂料抗渗层。

4. 施工技术

4.1　施工缝渗漏治理施工步骤

（1）清理缝内所有原有注浆材料和杂物。

（2）用电动打磨机将两边基面打磨清理，并用吹风机将基面上粉尘清理干净。

（3）采用 WZ—1016 再造防水层专用密封胶对基面表面进行加固抗渗处理。

（4）采用 WZ—8109 特种加固剂对缝隙进行重新塑形。

（5）填塞 WZ—1019 伸缩缝专用柔性密封胶，保证填塞深度不低于 5cm。

（6）WZ—1019 伸缩缝专用柔性密封胶填塞完毕，采用 WZ—1013 弹性密封胶进行二次密封找平，涂覆深度不低于 5cm。

（7）在 WZ—1013 弹性密封胶层上贴一层玻璃纤维布作为保护层。

（8）涂刷 WZ9901 抗渗防脱皮涂料。

（9）全部工序完毕后，清理现场，清扫施工区域，确认施工区域干净整洁后，填写完工单上交主管验收。

施工缝治理见图 3。

4.2　施工缝渗漏维修应遵循的原则

（1）施工工艺采用弹性和柔性相结合的原则，抵抗过程中高低频振动扰动以及热胀冷缩对渗漏部位的破坏。

（2）材料选择应该采用物理粘结和化学粘结相结合的原则，针对渗漏部位工况环境复杂，对粘结要求非常高、同时要抵抗高低温蠕变。

（3）施工过程中必须遵循安全和效率兼顾的原则。由于施工环境复杂且要架空作业，在务必保证安全的情况下再追求生产效率，不得盲目施工，导致安全事故。

(a)

(b)

图 3　施工缝治理

（4）施工后遵循细查检漏的原则，避免施工时间短、速度快导致细节部位不踏实，避免工具、配件等遗漏工地等现象。

5. 修缮效果

经过专家查阅相关资料，深入分析研究，对前期渗漏水治理各项措施表示肯定，从跟踪监测情况来看，未发现隧道结构性病害，通过综合治理，较好地解决了隧道漏水问题，有效保障了隧道通行安全。长期效果待评估。

全水样渗透结晶防水材料在北京地铁隧道修缮工程中应用

苏州金泰跃科建筑工程有限公司　蔡卫华[1]

1. 施工目标概述

隧道和地下建筑物的渗漏水维修为典型的背水面修缮，传统平面防水材料依靠与结构面的贴合以达到阻隔水的效果，当必须从背水面进行渗漏水维修时，平面防水材料与结构面的界面会直接暴露迎水，因此必然会失效。所以工程实务上从背水面做渗漏水维修主要有三类工法：第一是穿透结构体直接对水的来源处进行注浆，用注浆材料将结构体后的水挤走；第二是用发泡塑料类材料（如聚氨酯等）对渗漏水处打不穿透结构体的浅孔进行注料（俗称打针），将出水点用塑料泡沫加以封闭；第三则是利用渗透结晶材料对渗漏的结构体进行修复，使其结构体本身达到或恢复自防水的性能。

以上这三种工法中最有疑义的是第二种打针方法，首先其只能用于点渗漏，对面渗漏的情况则无法处理，而且因为发泡材料在面临逐渐累积的水压时，其塑料的本质容易受压缩小、变形或脆化而造成封闭失效，加上塑料本身还会随时间老化，因此只适合作为短期的临时性救急措施，而非长期的解决方案；本公司专注的渗透结晶材料是纯无机材料，没有老化问题，且能达到超强抗压和抗渗性能，对于面渗漏和点渗漏等各种渗漏状况都可以处理，因此当必须从正面进行直接封堵时应以渗透结晶材料施工来取代第二种的打针方法；至于第一种贯穿注浆的方法和第三种工法则应是相辅相成，而不存在互相取代，先进行背后注浆将绝大部分水源赶走后，再使用渗透结晶材料从正面做细部封堵并补强，应该是最佳和最彻底的维修工法。

本次维修标的为地铁机坑渗漏水，机坑渗漏水在地铁系统中并不罕见，本次示范维修地点选择病害较为严重的亦庄火车站点。机坑是特别设计下沉以容纳机械装置的空间，由于混凝土浇筑问题或原若已做传统平面防水失效以至于出现渗漏水时，通常同时有点和面的渗漏状况，因为机坑面积小且已固定有不可移动装置，位置又位于最低点，所以维修难度很大，但对于使用本公司新型渗透结晶材料和工法，难度和维修一般渗漏水的差异不大。

2. 渗漏状况与施工技术

2.1　渗漏状况说明

机坑严重渗漏水以至短时间内就出现相当多的积水，原已注浆数十针聚氨酯发泡材料试图封堵，但失败了。机坑内有机械装置固定于底床上，机械另一端则连接到轨道线路上，机坑中还有电气线路管线（图1）。选取维修的目标机坑长期浸泡在积水中，每

---

[1]［作者简介］　蔡卫华，女，1972年2月出生，大专，一级建造师，苏州金泰跃科建筑工程有限公司，单位地址：江苏省苏州市姑苏区吴中西路818号。联系电话：15952265678。

当积水将满，采取人工方式将水淘出；经初步清理观察，机坑底面和侧面混凝土皆因积水长期浸泡而明显劣化，且在仅数平方米面积的底面上分布有超过 20 支的发泡注浆针头，合理判断应该同时存在点、线、面的渗漏（图 2），而实际是否仍存在明水出水点和存在多少明显渗漏点，则必须等彻底清除坑底面腐化混凝土泥浆和杂物之后才能更正确判断。

图 1　机坑管线复杂　　　　　　　图 2　机坑存在点、线、面渗漏

由于渗透结晶材料除了对混凝土结构能起到自防水的效果，还对结构体本身能起到修复和补强的效果，而新型渗透结晶材料是水性，几乎可以无死角施工，特别适合用于像机坑这类已经有不可移动装置和管线线路的状况。

对于本目标机坑的维修，首先要将机坑彻底清洗干净，观察如果有明水出水点，则必须先用临时性封堵材料进行局部止水；局部止水后，对底面按新型渗透结晶材料标准工法进行喷涂，但由于原发泡聚氨酯注针太多，且发泡材料已老化，与腐化混凝土交缠很难分辨清除，再加上底面混凝土已明显劣化，因此决定再对整个底面打上一层 20mm 以上厚度的水泥砂浆（类似找平层做法），对此砂浆层再做一道渗透结晶喷涂工法，如此可将注针缝隙和无法清除老化发泡料一次性完全封闭在防水砂浆层中，就能确保有效的防水修复效果。

此外，机坑延伸到轨道线路部位的基底还有一道明显开裂，且肉眼可见道床下掏空，因此有明显出水，但由于轨道线路不属于本次维修专案的范围，所以仅能将此部位暂时隔离，不予处理，未来若有需求并获许可，将道床掏空先填补后再简单施工即可。

2.2　施工技术

（1）清除机坑内腐化的混凝土泥浆和异物（图 3），由于机坑长期浸泡在积水中，致使机坑内累积了相当多的泥浆，除清除积水外，必须将泥浆尽量清理干净，并对混凝土表面稍加刷洗，以最大程度降低对渗透结晶材料渗透效果的阻碍；

（2）对出水点和可能出水点做局部封闭（图 4），对可见出水点以堵漏泥等堵水材料进行暂时性止水，对装置固定部位的金属和混凝土异质性界面使用塑钢土等黏性类材料多加一道封闭；

（3）对全机坑喷涂渗透结晶材料（图 5）：按标准喷涂工法对机坑进行渗透结晶材料喷涂，间隔数次喷涂，每次喷涂应等待上一次喷涂的材料已完全被吸收渗透；本次作业共喷涂三次，每次间隔约 15min；机坑周边垂直面也应喷涂；

图3　机坑清理

图4　机坑局部封堵

图5　机坑喷涂渗透结晶材料

图6　铺抹水泥砂浆层

（4）铺水泥砂浆层（图6），配置普通水泥，对机坑底面铺上一层20mm以上的砂浆层，底面和垂直面交接处应进行弧面处理，以确保交接线全封闭；

（5）对水泥砂浆层喷涂渗透结晶材料（图7），待水泥砂浆层表面初凝后，对砂浆层再进行一道渗透结晶材料喷涂工法，详细操作同步骤（3）；

图7　水泥砂浆层上喷涂渗透结晶材料

图8　养护

（6）间隔1日或数日对修补后的机坑进行观察（图8），机坑已无明水，砂浆层湿渗部位逐渐改善收干，代表结晶正逐步生成将渗水反压回底面之下；每次观察时可以试喷少量水，如果水雾仍可被吸收，则可再随手补喷渗透结晶材料，进一步提高其抗渗和抗压强度，加快收干速率；

（7）施工完毕，只要湿渗区域均逐渐缩小、缩干，即表示结晶已开始作用，施工即已完成，若还有任何叠加和后续施工，不必等待面体完全干燥，此时即可继续进行。

3. 修缮效果与优势

3.1 材料特点

（1）高强度：渗透结晶防水材料与水泥基底的成分反应所生成的纳米结晶体，其抗渗和抗压强度均高于原水泥基质本身，所以经过结晶封闭微孔隙的水泥砂浆或混凝土的抗渗、抗压强度会得到数个级别的提升。

（2）长寿命：渗透结晶防水材料与水泥基底的成分反应，其生成的纳米结晶系直接在水泥基质上长出，和基质是混成一体，所以其封闭可视为与水泥基底结构具有同等寿命。

（3）立体防水效果：渗透结晶材料的渗透是立体、全方向性的，施工就不存在迎水面或逆水面的差异，而且是体防水，对抗渗水自然是立体全方位性的。

（4）消除新旧水泥质存在的界面问题：当存在新旧水泥砂浆或混凝土层时，新型纯水样渗透结晶材料的独特施工法，可以很容易地让结晶同时反应生成于新旧界面两侧的接合面，起到微观的桥接作用，可以有效降低甚至消除新旧界面的密合问题，同质性的新旧界面起到"混成""模糊"后，可使效果寿命不会因界面存在问题而大幅缩减。

（5）自修复功能：对于新生成微孔隙，在其尚未发展到能透水的程度时，渗透结晶材料特有的自修复功能就能即行启动修补，再次确保效果的长效性。

综合以上，经渗透结晶材料处理或修补的结构体，其防水效果远优于任何传统防水材料，而且寿命极长，不管来水方向，都可以从正面进行防水的最根本和永久性材料。

3.2 比较优势

（1）严格意义上来说，是可同时作为迎水面和逆水面防水施工的唯一材料。

渗透结晶防水是立体防水，防水封堵的纳米结晶体和原水泥基质是形成一体，不存在界面，尤其在逆水面防水施工时，没有传统材料和工法上的局限和缺陷。

目前从逆水面施工的传统防水工法有背后注浆和使用发泡塑料或填缝胶类的正面封堵两种，背后注浆虽然是从逆水面施工，但实际上处理的仍是迎水面的问题，而传统作为正面封堵的材料均为有机材料，本身和无机材质的水泥基底结构就存在一个异质界面，在逆水面施工时，其界面是直接接触到水源，因此极易失效，加上此类材料多不具备抵抗高水压的能力，且有机材料还存在先天必然会老化的问题，以上这些传统正面封堵材料的缺陷正是渗透结晶防水材料的优势。

（2）对结构体破坏少、施工风险低。

渗透结晶材料作用于结构体，因此在维修时会以最小破坏为原则，而是尽量借助尚完好的结构体来对损坏部位进行加强和修补，基本目标是将其修补处恢复到原来的完好状态或尽量接近其原始状态，因此，维修时其少需要动用破坏工具，也极少需要用到高压等设备，而是主要依靠材料和基材作用的高性能表现，操作多数是靠细致和具有技术判断性的手动作业。

传统表面注液或背后注浆都必须动用破坏工具和高压设备，施工较重、较为繁复，而大量穿体凿孔和产生振动的工作都可能会对结构体完整性产生负面影响，也同时增加施工风险，尤其是正面高压注液必要的钻孔埋针，往往会增加原构造的破坏点或扩大原损坏程度，而这些破坏甚至是不必要的，再加上使用在无机结构体上的都是异质的有机材料，本身就不相容，更不可能像渗透结晶材料可以混为一体，所以当传统工法一旦失效时，往往会陷入越修越糟、越修越难修的困境。

（3）施工快速、实际耗用工时少、可以同时进行多点作业以优化维修成本。

渗透结晶材料的维修施工是以填补封闭为主要手段，必要的破坏动作很少，而其填补材料多以非常容易且使用快速的无机水泥类材料为主，而主材料渗透结晶材料的施作更仅仅是喷涂，所以整体施工速度快，其主要时间用在等待无机材料的初凝和渗透结晶的渗透、结晶上面，而此等待时间正可以用来进行其他维修点的施工，而且不依赖器械设备也使得在维修点间的转移快速、可行，因此维修量越大，可通过优化多点同时交错施工的程序设计，将效率有效提升，使得单位维修成本降到最低。

传统防水维修的工序复杂，施工负担重，所需器械和人工较多，受限于无空置人力和工时，以及设备数量有限，人员和器械在同时几个维修点之间转移切换施工是几乎不可能的事情，所以无法同时进行多点维修施工，因此成本难以因工程数量增加而得到优化降低，不仅维修工程数量多，无益于成本的控制和降低，甚至还会因为工期负担重、时间拉伸太长而产生更多的施工缺陷和风险。

（4）施工简易、无死角，成本低廉。

本公司新型渗透结晶材料为全水漾型，仅需普通无动力装置即可施工且前置准备期短，类水的材料形式对难以触及的区域只要水雾能触及均可施工，所以施工面无死角。由于喷涂施工容易和快速，材料一渗入结构，即受结构体保护，结构体表面不存在任何材料，因此可以立即接续施工。同时由于是湿式施工，和传统材料必须在干燥环境下施工不同，不受气候和环境影响，对于人力成本和工期会有很大的节省，对未来节节升高的人力和时间成本的效益是长期且巨大的。

传统防水工法的平面防水都必须在无障碍的整个体面上进行，且必须在气候良好或环境干燥的条件下才能施工，在维修时，对于维修面必须进行全面积的完整工序的重做，其耗时久、成本巨大，施工工序占用面积大且必须直接接触施工面，对于无法触及的死角就难以施工，尤其是对于面上已有固定不可移动设施时更是完全无法施工；也可采用局部打针注浆发泡材料的方法，但此方法只能短暂对单一出水点做暂时性止水，对于多数出水点并非漏水点的情形是无效的，更无法处理大面积湿渗的问题。

3.3　修缮效果

北京地铁隧道工程渗漏，采用全水样渗透结晶防水材料修缮，较好地解决了渗漏问题，效果良好，得到使用单位的充分肯定。